U0201242

PRODUCTS

DESIGN

IN CHINA & GERMANY

1950s—1980s

20 世纪 50-80 年代
中国、德国产品设计回望

靳埭强 李昊宇／主编

人民美术出版社

图书在版编目（ＣＩＰ）数据

20世纪50-80年代中国、德国产品设计回望 / 靳埭强，
李昊宇主编 . -- 北京：人民美术出版社，2013.9
　　ISBN 978-7-102-06491-8

　Ⅰ . ①中… Ⅱ . ①靳… ②李… Ⅲ . ①产品设计 – 对
比研究 – 中国、德国 – 现代 Ⅳ . ① TB472

中国版本图书馆 CIP 数据核字 (2013) 第 203479 号

20 世纪 50-80 年代
中国、德国产品设计回望

主　　编　　靳埭强　李昊宇
编辑出版　　人民美術出版社
地　　址　　北京北总布胡同 32 号　　100735
网　　址　　www.renmei.com.cn
电　　话　　发行部：010-56692181　010-56692190
　　　　　　邮购部：010-65229381
责任编辑　　任继锋
书籍设计　　胡白珂
版式设计　　胡白珂　冯　基　余　斌
责任校对　　马晓婷
责任印制　　文燕军
制　　版　　北京杰诚雅创文化传播有限公司
印　　刷　　北京市雅迪彩色印刷有限公司
经　　销　　新华书店总店北京发行所

2014 年 3 月 第 1 版 第 1 次印刷
开本：700 毫米 × 1000 毫米　1 / 16　印张：14.5
ISBN 978-7-102-06491-8
定价：65.00 元

PRODUCTS DESIGN

IN CHINA & GERMANY
1950s—1980s

序言一　PREFACE 1

靳埭强　Kan Tai-Keung
长江艺术与设计学院院长
2010 年 12 月 12 日

　　由香港李嘉诚基金会、德国外交部、广东省外交部和歌德学院赞助，汕头大学长江艺术与设计学院主办的产品设计国际论坛于 2008 年 11 月 24 日在汕头大学举行。这次《中德同行——走进广东，继承与创新产品设计论坛》请来了德国和国内著名产品设计专家、学者、理论研究人员和产品设计家出席，相聚在汕头大学长江艺术与设计学院这个学术交流平台，各抒真知灼见，为当前产品设计的专业发展和创意教育的关注集思研讨。

　　这次产品设计论坛，内容集中在 20 世纪 50 至 80 年代的中国，与统一前的德意志民主共和国（东德）这个特别的时代中，与社会主义计划经济的市场环境，两地产品设计的发展状况。在回顾历史，反思评论，探索如何继承与创新发展。在论坛上，德国专家已在这个课题上作出了深入的研究，发表了一份系统的总结。这份珍贵的成果，有助于对我国在同一课题上的研究增添有力的宝鉴。与会的国内专家亦各自发表了不同范畴与研究方向的论文，都是值得进一步探索的课题。加上来自各地的学者和我院师生的公开讨论经过记录编辑，都是值得结集出版的，成为未来产品设计师和产品设计教师们的珍贵材料。

　　中国推行经济改革已 30 多年，当今市场经济发展蓬勃，是由生产力的发展踏入创意设计动力增长的时代。中国的产品设计正需要新鲜的血液，以增强创造力。长江艺术与设计学院创院以来，提倡创意教育、重视国际学术交流，这次中德同行产品设计的成功举办，我院非常重视，经精心整理汇编专家的论文和编译会议记录内容，即将出版。我相信这对我国产品设计的承传和创新，具有积极的价值。

　　最后我向所有为这次活动作出努力的人，致以衷心谢意！

序言二　PREFACE 2

李昊宇　Li Haoyu

长江艺术与设计学院副教授
2009 年 1 月 20 日

　　设计与社会之间的关系千丝万缕，中国的设计与社会主义体制之间的联系是不容忽略的。若从这个角度入手看中国的设计，那也不能只停留在对自身的探索和比较，而是要跳出来，看一看同是社会主义制度的其他国家与我们之间有没有相同之处。前东德在社会主义体制的影响下，也走过了与早期的中国相似的设计之路。

　　中国在 20 世纪 50 至 80 年代（局部地区更早）、统一前的德意志民主共和国（东德 DDR），在相当长的时期里都存在一种以集体意识形态为主导的、强调社会教育功能的现实主义艺术形态——社会主义艺术。它以其强烈的时代特征成为艺术史上一个醒目的视觉符号。社会主义集体意识在产品设计领域的突出表现可以通过当时的口号"为人民服务"（东德 DDR 则是"为劳动人民设计"）淋漓尽致地体现出来。

　　本次论坛的演讲嘉宾 Günter Höhne 先生说过，"1945 年二战结束后，东德当时的口号是'从废墟上建立起来'，他们的产品设计有时代的独特性。最早生产的日用品是利用军备材料制造的，比如：用防毒面具的外罩改造成的奶罐，用钢盔改造成的夜壶。"

　　有时，人们认为那段历史是落后的，也许会特意回避它、设法忘记它。但如果我们把它割掉，历史将变得不完整。在德国的产品设计发展历程中，东德 DDR 时期的设计具有独特性。这一时期的设计以其简洁的形式语言成为设计历史上独特的符号。以 Günter Höhne 先生为代表的一批德国的理论家和学者已对德国 20 世纪 50 至 80 年代的产品设计作了系统的研究，而中国在这一方面的系统研究则刚刚起步。

把东德与中国并列起来审视，是因为两国都具有出口、内销市场双轨制的现象。二战后物资并不丰富的那段时期里，在东德，出口商品的设计生产和民众能买到的日常用品几乎毫不相干。因为当时东德市场的产品开发往往仅拥有有限的、且常是劣质的原材料和有限的生产能力，技术人员、设计工程师和工业设计师在这种情况下竭尽所能地克服困境，"化腐朽为神奇"，也许正应了德国的那句谚语"困境出发明家"。

时下，经济危机在全世界的余威仍在，中国也不例外。经济危机对中国制造业的最大冲击就体现在对外出口贸易的影响。看看 80 年代的德国，东德也有大量销往西德与西方其他国家的产品，这些产品的生产采用了大量复杂的制造、加工技术，并在产品外观和包装上也投入较多，但功能的长久性却有所忽略，在这种情况下，出现了一批价格低廉但是外观高档和新潮的产品，这些产品一过保修期限即会迅速地破旧甚至无法使用，从而刺激消费者去购买新品。这就是在国际博览会上，为了能够获得长期供应西方大客户的出口订单，而制定下的民主德国消费品和家具制造业的设计要求。在这种情况下市场成为了设计的主宰者，没有了市场就不用再谈论设计了。看似合乎逻辑，其实却扰乱了正常的局面。1990 年东、西德合并后，原供应市场的消失，设计师竞争激烈，企业面临着新市场开发。在这种情况下，东德的设计师开始了针对新市场的设计转向。回到中国，我们的设计师是否也随时准备着去适应市场带来的冲击呢？如果中国在 2009 年依然保持经济增长总值 8% 的目标，这就需要设计师不仅仅要研究国内市场也要研究国外市场，力争内外销并行，出口商品设计必须要更具有竞争力。

东德在进入西德和敞开的国际市场时发现，对设计师个人、产品品牌的忽略造成进入西德经济体制共同进行市场竞争时的无力。之前对品牌和制造商名声的不珍惜，隐去设计者姓名而将设计成果归集体所有的做法，在市场中被验证是错误的，东德的经济、设计都误入过歧途。反思中国的设计，我们是否也在经历同样的发展轨迹呢？

以上种种假设和反思，促使了这次论坛的举办，我们尝试探讨在相似的社会背景的情况下，参照 DDR 设计中国有什么发展优劣势，怎样可以取长补短，发展产品设计，提升年轻设计师的自信心。在学院本身，则为奠定产品设计专业建设的理论基础添上一块砖瓦，开阔了学生视野并同时启发他们利用中国得天独厚的地域文化来寻求创新。

最后，德中同行——产品设计的继承与创新能够成功举办首要感谢三家承办单位：德国驻中国大使馆、李嘉城基金会和汕头大学长江艺术与设计学院，在这里我仅代表论坛的全体工作人员向到会的各位嘉宾表示感谢，谢谢你们精彩的分享！

论坛背景

李昊宇 Li Haoyu

副教授 / 设计师

社会主义中国的产品设计界需要新鲜血液来注入活力。现今中国产品设计需要腾飞，需要吸取其他国家的先进经验，需要辨识利用他们发展里程中的主要特征，从而关注我们现存的问题，改进我们的不足。

中国在 20 世纪 50 至 80 年代（局部地区更早），统一前的德意志民主共和国（东德 DDR）在相当长的时期里，都存在一种以集体意识形态为主导的强调社会教育功能的现实主义艺术形态——社会主义艺术。它以其强烈的时代特征成为艺术史上一个醒目的视觉符号。随着冷战结束，近二十多年来，在德国和中国，带有社会主义因素的创作样式逐渐为个人化的语言方式取代，日渐混杂在多元多样的当代艺术和设计之中。

在德国的产品设计领域，DDR 时期的设计以其简洁的形式语言成为设计史上独立的形式符号。在德国，已有理论家和学者对德国 20 世纪 50 到 80 年代的产品设计作了系统的总结，而中国在这一方面的系统研究则刚刚起步。

本次论坛里两国专家将以 20 世纪 50 至 80 年代间德国和中国的产品设计为出发点，讨论在产品设计领域中设计受社会主义因素影响的程度，系统地讨论自建国以来中国产品设计的发展状况。

目录 CONTENTS

面向未来……

FACE THE FUTURE

1945 年后东德工业设计的遗产与创新：
社会主义制度下设计的机遇、边界和适应未来的能力。

昆特·霍纳
Günter Höhne
作家

尊敬的主办方，亲爱的各位与会者：

　　首先感谢主办方的邀请，我十分荣幸能在本次会议上作报告。我也代表此行陪伴我并在会场上给我提供技术支持的妻子克劳迪娅表达谢意。

　　欢迎大家随我共同开始穿越1949年至今共60余年的东德工业设计史。我向大家承诺，如果您将此次长征进行到底，在巅峰之处您将有机会展望中国设计的当代和未来。

　　不过我认为，首先我们应当来看少量的，但却是重要的历史数据和事实。虽然这些历史背景大家不甚熟悉，但是为了能对以下听到的和看到的内容分类、理解和进行批判性评价，却是不可或缺的。

　　东德的社会主义国家——德意志民主共和国，简称民主德国，是在1945年建立的苏占区基础上成立的。民主德国的国歌歌词是这样开头的："从废墟中重生，面向未来，让我们服务于您，德意志统一的祖国。"1970年后禁止使用这一歌词，仅沿用旋律。德国重新统一之梦——拥有一个统一祖国的梦想，破灭了。

　　民主德国成立于1949年10月7日，即中华人民共和国成立六天后。早在四个月前，即1949年5月，当时的美、英和法占区合并成立了德意志联邦共和国。无论从事实角度还是时间角度看，民主德国都是在德意志帝国基础上诞生的第二个德意志国家。

　　1980年代后期，东部的民主德国拥有1700万人口，西部的联邦德国拥有约6300万人口。

　　所谓的铁幕沿着民众身边穿过德国，这样的情形全世界只有在朝鲜和越南还能看到。这个国家一分为二，归属到冷战的两个敌对阵营中去：民主的德意志联邦共和国是由美国领导的资本主义西方的一分子，拥有市场经济，是北约的成员国；民主德国则实行——一如其领导人自己的官方定义——"无产阶级专政"，是"社会主义国家共同体"的东欧成员和华沙条约成员国。后两者都是二战后由苏联建立并绝对控制的。1961 年起，对峙的前线以混凝土墙的形式，从柏林中心穿过（图 1）。

（为了便于诸位了解德国的分裂状况，请大家看一幅东德学校 1960 年代使用的地图《两个德意志国家》（图 2）。我用彩色进行了标识，以便您更好地识别德国分裂的规模。针对人们当时将联邦德国称为"金色西方"这一说法，我将民主德国涂成了金黄色，执拗地进行反驳。）

我自己 1943 年 4 月出生在东德的萨克森州。我的星座是白羊座，此外按照中国的生肖属相我也属羊，这是两个关系紧密的星座。所以我命里注定要在中国的土地上留下足迹，这只是早晚的问题。亲爱的张丽晨女士，显然您有第七感觉！衷心感谢您的邀请！

此外令人惊叹的是，按照中国的生肖，属羊的人"不仅会按照审美观点观察事物，而且也重视功能性。"所以我在职业生涯中主要是设计评论家和史学家。

没有哪个星象学说成功地预测到，德国的分裂于 1990 年终结。甚至是最大胆的政治预言家也没料到这一剧变进行的速度如此之快，更没料到剧变是以和平革命的形式进行的。所有人都大跌眼镜：面对那些在自己国家向僵化的、颐指气使地、对改革一无所知的统治制度示威的民主德国民众身上呈现出的勇气，西德和东德的统治者，东方阵营和西方联盟，世界大国，乃至东德民众自身都惊叹不已。1989 年 10 月 7 日，即民主德国成立 40 周年之际，没有人会在梦中想到，四周后柏林墙将倒塌，边界会开放，在此后的一年内，东德和西德会合并成为一个崭新的、真正完整的德意志联邦共和国。

▶ 图1

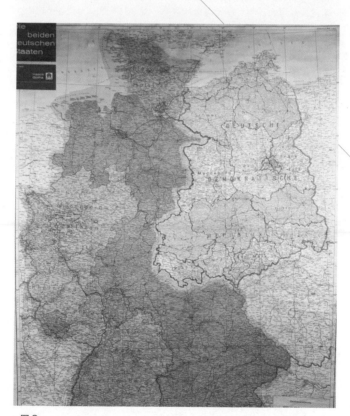

▶ 图2

　　关于历史背景就说到这里。现在我们的问题是：民主德国的产品文化做到"面向未来"了吗？从一个终结的德意志社会主义体制那里，今天全球化世界中的——也许也包括在今天的中华人民共和国的——设计师、企业、经济政策和文化政策的决策者们——能继承或曰学到些什么哪？

　　我当然有自己的见解。但是您也应该独立得出自己的结论，并且提出进一步的问题。我将尝试为您提供所需的史实和客观的过程分析。

　　这里要先说明一点：1989 年两德之间的边界拆除之时，东德的物质遗留物似乎根本无法充当民族乃至世界的文化遗产。随着 1990 年之夏当时还是民主德国的国土上采用西德货币德国马克，继街头出现示威游行之后，东德的家庭也发生了翻天覆地的变化（图 3）。此前人们所珍视的东西都被扔到家门口的大件垃圾堆上（图 4）。西德的家具供应商，汽车和家居建材市场，邮购商行以及如雨后春笋般出现的超市迎来了繁荣期（图 5）。看不到头的卡车车队穿行在东德破烂不堪的道路上，辐射到每一个偏僻的角落。东德的黄油、牛奶、面包、蔬菜，啊，乃至整个东德，都无人问津。扔掉它们，换上来自于金色西方的五彩斑斓的美好物品（图 6）！

▶ 图 3

▶图4

▶图5

▶ 图 6

此时没有人记得，1945 年二战结束后，东德的民众是多么满怀希望和乐观精神地重新开始，尽管——或者说正是因为整个国家是一片焦土。当时的口号是从废墟上站起来，面向朝霞，迎着太阳。最早量产的日用品还是用军备材料制造的，形象地说就是化剑为犁：防毒面具的外罩被改造成奶罐及其他容器（图 7），手榴弹的外壳也经历了相似的命运（图 8）。钢盔变成了夜壶（图 9）。

▶ 图 7

▶ 图 8

▶ 图9

▶ 图 10

▶ 图 11

作为首批结构复杂、造型优美的工业量产产品，埃尔福特的"完美（Optima）"牌办公打字机于 1946 至 1947 年面市（图 10—图 11）。该产品由东德工业设计的伟大先锋之一，魏玛的设计师和高校教授 Horst Michel 设计。委托其设计的企业领导告诉他："我们不能再继续制造纳粹使用的'奥林匹亚（Olympia）'牌打字机了（图 12—图 13）。在旧机子上，法西斯的罪行指挥家们写下了那么多罪恶的文字，煽动种族仇视和战争，发出驱逐和死刑命令。给我们作个新机子吧，一个友好的、造型和谐的机子，可以体现德国崭新的民主精神和乐观主义——就是一个完美的打字机！"

▸ 图12

▸ 图13

　　Horst Michel 不仅设计了众多既实用又美观的产品，1919 年至 1925
年间他还在魏玛曾经容纳包豪斯的学院设立了东德最早的工业设计专业
之一。1951 年东德的首批工业设计硕士毕业，共为 4 人，两男两女。
此 4 人后来一直坚持勤奋创作。其中一位（他现在已 85 岁高龄，和结发
60 余年的妻子生活在柏林）在其截至 1988 年的职业生涯中，创作出了
数件民主德国设计史上的经典之作，包括 1956 年首个设计精美的厨房电
器"Mixette"（图 14），1950 年至 1960 年生产了上百万件的门窗（图
15—图 16）和家具金属配件（图 17—图 19），最广为使用的东德电子安
装系统，东德最有名的"Multimax"牌手持钻孔机和造型美观、操作简单
的吸尘器（图 20—图 22）。后文还会进一步谈到这些产品，同样也会谈
到民主德国经济、设计政策可怕的愚蠢之处：民主德国设计师的匿名化规
定，其中也包括部分销往国外的民主德国产品的设计者。这个（今天会被
称为）顶级设计师名叫 Wolfgang Dyroff。在整个民主德国时期，公众、销
售商和他产品的使用者都不曾知晓这个名字（图 23—图 24）。

▶ 图 14

▶ 图 15

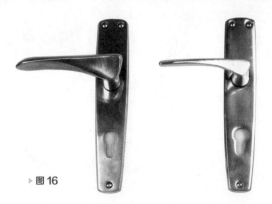

▶ 图 16

▶图 17

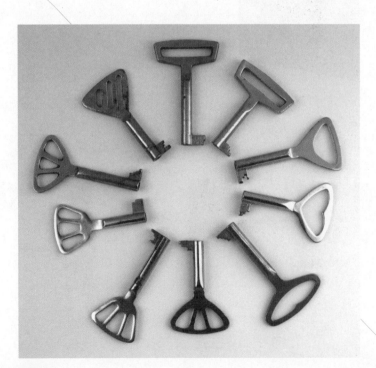

▶图 18

▶ 图19

▶ 图 20

▶ 图 21

▶ 图22

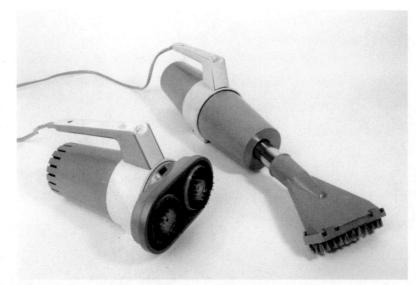

▶ 图 23

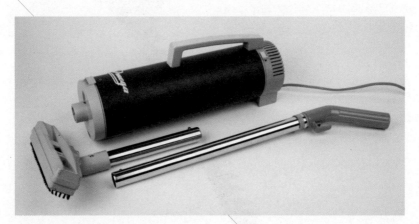

▶ 图 24

民主德国文化部不仅对艺术和文学感兴趣。早在 1950 年代中期，他们就发现了优秀的量产设计作品在日常文化中的意义，当然他们也认识到了其充当出口商品换取外汇的潜力。1957 年，文化部首次为卓越的民主德国设计作品颁发"优秀设计"奖状，此外还有一个蓝色纸板制作的标有"优秀设计——荣获工业设计奖"字样和获奖年份的产品标签（图 25—图 26）。1958 年又增加了一个刻有"奖给卓越造型"字样的纯金小奖牌（图 27）。企业领导得到纸制的标签，交给销售商用于装饰橱窗中的获奖作品（图 28）。金牌及一个皮制证书夹为设计师独得。可惜的是五年后该奖项被取消。

　　（在此展示的是 1958 年的获奖作品，由前包豪斯学生 Albert Buske 设计的磁带录音机"KB100"。）（图 29—图 30）前民主德国时代的产品文化成就之所以引人关注，缘于其当时在东德为保障设计质量所要面对的情形，所要克服的阻力。

▷ 图 25　　　　　　▷ 图 26

▷ 图 27

▷ 图 28

▶图 29

▶图 30

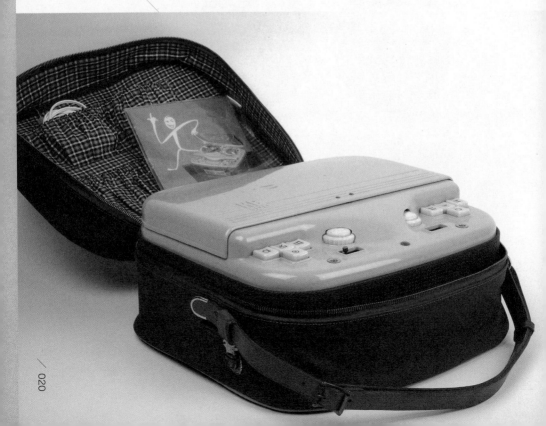

对于产品和日用文化的更新而言，仅从表面上看，1945 年东德和西德都经历了"白手起家"的过程。东德——当时的苏占区和后来的民主德国——在希特勒专政覆灭后走上民主社会道路时面临的出发条件要比西德严峻和简陋得多。东德的"白手起家"前要带有一个大大的红色符号：

除了褐煤和钾盐，这里没有值得一提的有工业使用价值的矿藏，也没有西德那样规模的煤钢工业中心。东北部的大片土地是纯粹的农田，而且北方的大型造船厂也都在西德。此外在后来的民主德国还存在一系列阻碍经济和文化快速复兴的障碍。

和德国西部占领区不同的是，东德人没有得到美国马歇尔计划的援助来克服战后的困难时期。相反，苏占区内没有毁于炸弹和柏林战役的工业设备，那些还能用于生产的物资，都被拆卸，作为战争赔偿运往苏联。截至 1946 年底，这一举措不仅涉及到约 1000 余家企业，而且包括东德铁路网络的第二条钢轨。此外，尽管这一由民主德国以整个德国名义承担的战争赔偿义务于 1954 年被免除，但是只有很少的民主德国公民知道（没有在官方经济统计数据中公布）战争赔偿以其他形式延续到 20 世纪 80 年代末。每个销往苏联的产品都低于正常出口价格的 30%。

一方面是对苏联绝对臣服和依靠，另一方面，20 世纪 70 年代以来国家不断施压，要求民主德国工业增加出口，设计师们的理想在两方磨石的挤压下灰飞烟灭。1950 年德累斯顿美术学院的一幅海报打出的口号即为明证："为了劳动人民做最好的。"

（图 31—图 32）

▷ **图 31**

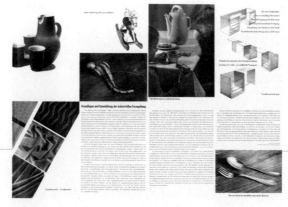

▶ 图 32

20 世纪 80 年代末整个民主德国产品设计的宝库中只为劳动人民剩下些残余送入店铺。

除了原材料短缺和有限的设计及产品技术资源外,国家中央计划经济和政治指令也在冷战的岁月中一再地渗透到设计产业中。

与造型艺术、文学、舞台和音乐创作相比,民主德国对设计并没有明确提出"社会主义现实主义"的主张,官方也没有明确提出"社会主义设计"的要求。后者也未得到定义。20 世纪 60 年代末以来,设计产业的政治战略导向曰:"在社会主义制度下的产品设计。"

社会主义现实主义是对艺术风格的要求,无法推广到具体的日用品设计上来。如果说设计中存在过"社会主义现实主义"的话,那就是指一种以社会为导向的姿态,一种伦理和经济层面的思考主线:物品应该如何发挥功用?物品是用来服务于人还是诱惑、误导人?

在设计教育方面,"社会主义现实主义"的要求也仅扮演次要的角色。在这里开展的艺术基本技能教育卓有成效,出人意料地不受意识形态的影响。在平面设计、绘画和雕塑领域开展自然研究的目的纯粹是培养美术技巧,优秀的产品设计离不开这些技巧。

总的来说设计教育处于很高的水平。"工业设计师"这一职业称号受到保护,获得该称号的前提是完成高等或专业学校的学习。

东德设计教育的最大优点在于其与工业和手工业实践的紧密联系。实习和为企业做具体设计工作贯穿学习的整个过程，有如一根红线。这样在和流通领域、物质匮乏和意识形态以及文化禁忌打交道时，学生很早并且很快就了解到量产设计工作的优点和障碍，包括技术方面、行政方面、管理和营销方面。这一方面使得学生成为经受实践考验的，不抱任何不切实际想法的未来设计师，成为企业中充满批判和创造精神的挑战者，同时又保证其在企业中获得固定工作，开始其设计生涯。虽为职场新人，他们却不需要别人告诉他们"要注意些什么"。

在校学习期间，经常就会诞生杰出的设计成果，并快速投入批量生产中。在此我以 20 世纪 50 年代末至 20 世纪 60 年代末民主德国经济起步时期的柏林艺术学院为例，介绍几个具体设计项目（图 33—图 39）：

▶ 图 33　学生 Horst Giese 和 Jürgern Peters 1957 年设计的电视机

▶ **图 34**　Horst Giese1957 年设计的短波收音机

▶ **图 35**　Manfred Claus1959 年设计的照相机

▶ **图 36**　1957 年设计的幻灯机

▶ **图 37**　Jürgern Peters1959 年设计的世界上首个折叠式单反小帧相机德累斯顿的 Pentina

▷ 图 38　Friedrich Jacob1961 年设计的幻灯机

▷ 图 39　一个学生集体 20 世纪 60 年代设计的手持吸尘器

不过，除了一个很小的专业圈子，无人知道这是些才华横溢的年轻人们的作品——其中多件是国际市场上的畅销出口产品。这些成果通常被隐去了设计者的名字，同时设计者分得的收益与企业用其设计精美的产品——部分设计是革命性的创新——获得的利润相比远远不成比例。

　　您肯定会对下面两个柏林大学生的量产设计作品感兴趣：

　　柏林艺术学院的中国学生李庭宜（Ting-i Li）1962 年和 1963 年分别设计了这个吹风机（图 40）和这个造型优美、符合人机工程学要求的剃须刀（图 41），后来他担任中国驻东柏林大使馆的高级翻译。

▷ **图 40**

▷ **图 41**

不久前我在柏林艺术学院应邀做一个关于民主德国设计史的报告,这所学院在过去的近 20 年中已经洗心革面,不再是一所"东德"的高校,而是一所全国性的、拥有世界各国学生的成功高校。我在那里的经历让我忧心忡忡:今天在此就读的学生完全不了解学校 20 世纪 50 年代至 20 世纪 80 年代的创作成果。学生们从未听说过 50 至 70 年代在此工作的工业设计先锋的名字,也不知道他们的作品。学校里没有名人堂。在过去近 20 年中对民主德国时期校史的描述仅局限于有关 20 世纪 50 年代斯大林时期的分析和出版物。亲爱的中国朋友们,参加今天的活动后,您与柏林的同学们相比,对这一方面就会有更多的了解,也更有能力参与讨论。

本次会议探讨的对象是设计中的社会主义现实主义。给民主德国设计师们制造问题的并不是社会主义现实主义,而是他们所在国家里的现实社会主义。设计师们经常一方面需要尽力满足国内民众对功能和审美的需求,另一方面又要应对党的领导层和国家外贸部门关于设计"符合国际市场需求"的产品——即能满足国外客户愿望从而出口创汇的产品——的要求。供应国内市场的产品和民主德国出口到国际上的产品经常差别巨大。出口商品的生产在民主德国企业的所谓"虚拟特区"和其设计室中进行,和民主德国民众能买到的日常用品几乎毫不相干。这种双轨制的生产政策真正矛盾的地方在于其无法预测但是却顺理成章地产生的产品效果。

正因为国内市场的产品开发往往仅拥有有限的、且常常是劣质的原材料、生产资料和产能,技术人员、设计工程师和工业设计师竭尽所能地克服困境,即所谓的"化腐朽为神奇"。德国有句谚语叫做"困境出发明家"。结果诞生了众多用于满足东德民众日常需求的技术型产品。但是也出现了一些外观并不迎合西方潮流的烹调器具和食物容器,但其功能让人信服:性能可靠,操作简单,易于搭配,易于修理,不易磨损,且外观和功能不易过时。

简而言之:设计流程特别关注的是产品的实用、社会以及环保含量。然后才考虑对时尚乃至奢华外观的投入。合成材料制造的吸尘器(图 42)无须成为豪华轿车的喷涂金属漆的小弟弟。使用吸尘器包括更换灰尘袋无须阅读多页的说明书。这里给大家展示几件 20 世纪 50 至 20 世纪 80 年代的产品,他们都符合上述关于功能的态度(图 42—图 62)。

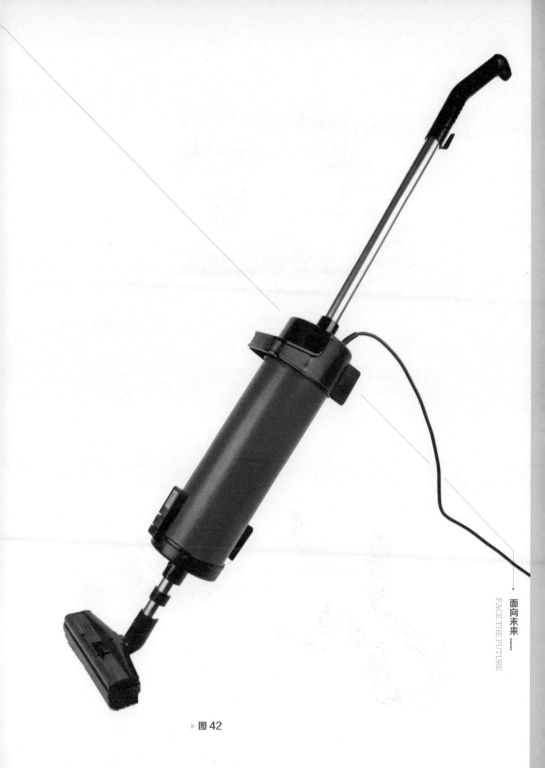

▸ 图 42

▶ 图 43

▶ 图 44

▶图 45

▶ 图 46

▶ 图 47

▶ 图 48

▶ 图 49

▶ 图 50

▶ 图 51

▷ 图 52

▷ 图 53

▶图 54

▶图 55

▶图 56

▶图 57

▶图 58

▷ 图59

▷ 图60

▶ 图 61

▶ 图 62

对民主德国制造的销往西德和其他西方国家的商品的设计要求则完全不同。在这些产品的生产中，要大量采用复杂的制造、加工技术，在产品外观和包装上也要尽量投入，而功能的长久性可以忽略。这就是在国际博览会上，供应西方大客户的出口订单对于民主德国消费品和家具制造业提出的要求。产品要保持价格低廉，但是外观要求高档和新潮。保修期过后要尽可能迅速地变得无法使用且破烂不堪，这样就可以买新的了。很多东德的设计师当时（乃至今天）都觉得这种想法非常不道德。在接受设计教育阶段，他们也学习过如何在产品设计中设立预定破损点。不过预定破损点的作用是在出现危机时防止物品的毁灭：例如在猛烈的风暴中牺牲桅杆而保全整个船只。

东德对品牌和制造商名声毫不珍惜，并在工业设计中将设计成果归集体所有且隐去设计者姓名。结果显示，东德的经济、设计政策踏上了可怕的歧途。这一过程轰轰烈烈地始于 20 世纪 70 年代。当时民主德国进行经济结构改革，以所谓的国有联营体的形式组建大型社会主义企业。在此期间，原先半国有的，即半私营的中型企业——它们往往是著名品牌的持有者，以优质产品闻名于世——被国有化，塞入了新的社会主义康采恩的紧身衣。不仅如此，人们还消灭了这些企业的品牌特性，在产品上采用商标联合会和新的联营体标识。此举实际上消灭了东德全部的创意和品牌潜力，是社会主义计划统治经济犯下的不可饶恕的错误，其 15 年后带来的后果是惊人的。此外，20 世纪 70 年代民主德国开始在事实上禁止国内市场的消费品广告。据说是为了节省企业成本，其实是因为广告推销的产品的供应根本跟不上。常被引用的"物资短缺"这一现象总是党代会讨论的主题之一。短缺的对象有时是儿童服装，有时是新式的陶瓷餐具、家具、打字机或者各种物品的配件——短缺的经常是上述的全部产品以及此外更多的物品。

社会主义计划经济的混乱管理导致民主德国末期众多东德产品尽管质量很好却没有声名。公众对于民主德国高校培养出来的 2500 余名设计师一无所知，此外对国内的服装设计师和平面设计师也毫不了解。相反在西方，工业设计师和服装设计师始终拥有一个社会舞台，受到媒体的追捧，他们的名字永远保留在其产品上。

随着 1990 年夏民主德国加入西德市场经济，东德人被一股产品和品牌的浪潮所侵袭。浪潮中既包括早已熟知的老品牌，也包括令人心动的新品牌和"明星设计"产品。社会主义市场经济似乎只能束手就擒。1990 年 10 月 3 日，民主德国加入联邦德国，一个国立的托管公司开始彻底处理——人们总是这么说——民主德国颓败的国有经济，即私有化，在大多数情况彻底消灭经济遗产，尤其是如果能够为西德企业消灭有力的竞争对手的话。这是恶意的猜测吗？在此仅举两例：

民主德国西北部位于易北河畔的 Wittenberg 市有一家世界上最先进的缝纫机制造厂，这是一家模范企业，它的工作岗位制度也是一个好的范本——3000 名员工中超过 90% 是拥有高级专业技能的妇女。1989 年工人轮班生产了 40 万台著名的 "Veritas" 牌电动缝纫机，其中大部分销往国外的社会主义和资本主义国家。订单可以维持到 1993 年。1991 年该企业被清算，没过多久，成为一片工业废墟（图 63—图 67）。

▶ 图 63

▶ 图 64

▶ 图 65

▸图 66

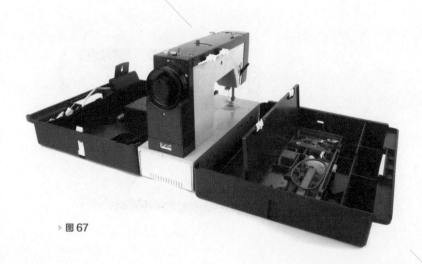

▸图 67

位于民主德国西南部萨克森州的埃尔兹山区的 Zwönitz 市是一个传统的现代电子医疗技术的开发制造基地。20 世纪 80 年代中期这里开发了一个移动透析仪——人工肾脏 KN501（图 68— 图 69）。该仪器无需西方禁运目录中的进口材料，与西方竞争对手方形模块式的产品相比，更易操作和维修，外观设计也深受患者喜爱。1990 年停止生产，生产该仪器的国有 Zwönitz 测量仪器厂被分割成零散的部分，再被出售或租赁。大部分的厂房如今一片荒芜。

　　所幸的是还有一些反例。在这些罕见的例子中，人们将德国统一看作是汇聚东、西德能力的伟大机会。在此也举两例。

　　位于柏林附近 Hennigsdorf 市的国营机车——电气联营体曾经长年向中华人民共和国出口，中国 1949 年至 1991 年间共从民主德国进口了 3350 辆客、货车。早在 20 世纪 80 年代，Hennigsdorf 的这家工厂就和西德企业 AEG 以及西门子合作，1990 年被 AEG 收购，接着被 Adtranz、最终被 Bombardier 运输公司收购。不过每次收购原东德的高水准设计团队都得到保留。20 世纪 90 年代开始，Hennigsdorf 也为上海和香港地铁提供列车（图 70）。

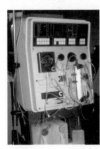

▷ 图 68

▷ 图 69

▷ 图 70

我要举的第二个例子也和中国有关。

东德西南部的小城 Ruhla 曾拥有民主德国最大的钟表制造企业。1991
年 Ruhla 钟表厂与西德品牌企业 Junghans 合资建立了子公司 Eurochron
（图71—图72）. 原来的设计师部分得到保留。原 Ruhla 钟表厂的总设计
师——他从 20 世纪 70 年代开始担任该企业的设计师——在新的条件下继
续领导设计开发，1992 年 Eurochron 成为荣汉斯的全资子公司后仍然如
此。拥有 Eurochron 的 Ruhla 成为专业生产无线钟表的基地，同时还继续
开发和设计数字钟表和模拟钟表（图73—图74）。

▷ 图 71

▶ 图 72

▶ 图 73

▶ 图 74

2002 年前后，Junghans 和 Eurochrom 被 EGANA 公司集团收购，随后生产被逐步转移到中国（图 75—图 76），总设计师 Bernd Stegmann 仍在任，他经常在 Ruhla 和东莞之间穿梭。上个星期他刚回来，他喜悦地告诉我，所有各方之间的设计管理以及从设计方案到生产的转化的效率都很高。此外，据说 Stegmann 早就说一口地道的中文，肯定也适合到贵校来开设课程。

还有两个东德工业设计开发的例外我不能不谈。

第一个例子说的是，一个前家族企业的所有人或后裔成功地通过再私有化为企业注入了活力。另一个例子中，一个前民主德国中型国有企业的领导班子通过管理层收购重新在市场上树立了老品牌，不仅生产设计优秀、功能完善的新产品，而且至今还供应民主德国时期的经典设计之作，如我们看到的 1962 年的购物篮（图 77）和 1979 年的水桶系列（图 78）。

其代价是接受银行的贷款并长期负债，因为这些构成例外的企业在社会主义制度下没有积累可兑换成德国马克的资产。

深受 20 世纪 90 年代大肆蔓延的东德工业化进程祸害的人中，除了上百万失业的产业工人和公司职员之外，偏偏还包括那些在民主德国时期坚持用创意成功抵挡内部和外部阻力的产品设计师。无论面对国家统治经济还是这样或那样的短缺以及联邦德国政府针对政治和经济对手——民主德国——颁布的众多禁运规定，他们都对抗以聪明才智。

他们目送着自己引以为豪的成果和民主德国时代留下的真正废物一起，被装上题写着"社会主义短缺经济"字样的垃圾集装箱沉入水底（图 79）。

▶ 图 75

▶ 图 76

▶ 图 77

▶ 图 78

▶图 79

针对这种大举去工业化的措施，东部的民众中并没有出现广泛的抵抗。在几十年的社会主义统治经济下，他们丧失了个性化的创造观念和商号观念以及共决意识和品牌意识。市场经济五彩斑斓、漫无边际的巨大商品潮清晰地显示，社会主义市场经济的产品遗产肯定无力对抗。因此第一批被解雇的职业人群中就有（无名的）东德设计师。

他们在统一的德国出路如何？

在原联邦德国的设计师已经大量过剩。他们之间的竞争非常惨烈，如今又增加了东德的设计师！后者的设计主张充满幻想，在市场经济中毫无用武之地：功能性决定一切，使用寿命长，耐用可靠，结构简单，易于维修！这些梦中人根本不懂什么是喜新厌旧。

他们中的少数成功地在统一的德国站稳了脚跟，找到了新的项目（原来的委托人大多数已经消失），从银行获得创业贷款，用于更新技术装备和工作室，并支付员工的薪水。也许慢慢地能积累自己的经营资产，不再有固定薪酬和大型企业的大型设计项目，他们大多必须降低自己的要求。

全球著名企业、国有莱比锡吊车和运输设备康采恩 TAKRAF 在 20 世纪 90 年代之初即被分解（图 80—图 81），该企业的顶级设计团队再也没有得到一个值得一提的工业项目，2008 年他们设立的小工作室 "real design" 为一家著名的东德毛刷企业设计包装（图 82），此外靠一些医疗技术、广告和商铺装修等小项目艰难但勇敢地坚持运营。

▶图 80

▶图 82

拥有高度专业技能的东德设计师 18 年前开始自主创业，他们中只有很少的人坚持下来，无人靠此致富。

但是，我愿意给大家讲两个例子来说一下个别的相反情形。因为它们证明，社会主义下成长和培养的设计师也可以在市场经济中取得成功。

位于东德图林根州 Gotha 市的"gotha 设计和营销"工作室在 1990 年前是一个小型国有设计工作室，主要承接当地工业的设计项目，包括附近的 Waltershausen 市的"Multicar"商用车制造商。这支不大的团队的运气很好："Multicar"牌小型、灵活的车辆（图 83—图 84）适合作为强大的、多功能的乡、县用车，该车的生产被一个西德的投资者收购并扩大，原东德设计师的能力得到认可。至今他们都在全球畅销的新车型的开发工作中充当中流砥柱。并且由于声名卓著，他们获得了更多的技术领域的设计项目。

柏林周边有一个小型的设计工作室叫做"formbund"，由家族经营。Reinhard Otto Kranz 和他的妻子 Anne 都是设计硕士，20 世纪 70 至 80 年代就读于柏林艺术学院。Kranz 属于民主德国设计师中的极少数例外：他一毕业就自主创业，而不是就职于企业。不过他始终有着非凡的天分，创造力十足，举止沉稳，作为工程硕士和设计硕士拥有广阔的文化、技术视野。1982 年他还是年轻的大学毕业生时，就为民主德国北部的 Neubrandenburg 县设计了东德首套完整的城市公共设施，包括汽车总站和街道路灯（图 85—图 86）。他的设计方案内容丰富且极为符合当地的情况，此外还有一个优点：所有的设计部件都可以由本地的制造商生产、组装以及维修，并在需要的时候更换。（顺便说一下，这套性能卓越、外观和谐统一的系统在德国统一后很快就被拆除，替换为各种不同的西德系列生产的元件，这样的元件在联邦德国到处可见。）"formbund"工作室没有灰心丧气，他们保持与北部和东德其他地区城市规划师以及企业的交往。2004 年他们为 Güstow 市设计火车总站，他们 1991 年设计的可装太阳能电池的停车计费柱"Parkline 2001"（图 87、图 88）最远出口到墨西哥，这些产品上都铭刻着"formbund"的大名，获得多个设计奖项。

▶图 83

▶图 84

图 85

▶图86

▶ 图87

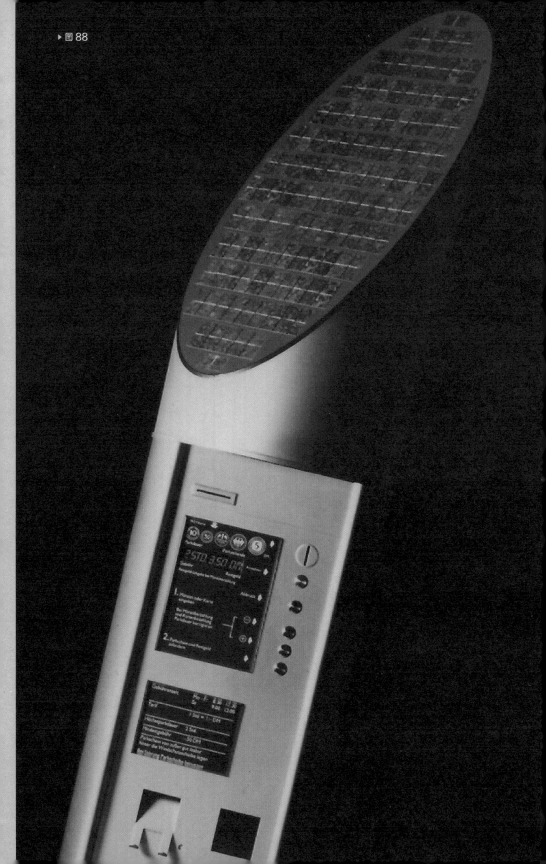

过去在民主德国，工业设计作品和作者通常都被隐去名字，很多设计很成功的出口商品也是如此。只有获得 1978 年起恢复颁发的民主德国"优秀设计奖"的作品和作者例外，他们的名字被收录在相应的目录中。此外所有的产品都叫做"民主德国设计"或者"民主德国制造"。为了多挣些外汇，经常在销往西方的出口产品上隐去关于来源国的说明。

设计的匿名化不仅是民主德国的典型现象，而且是一个复杂的、历史悠久但是仍然现实存在的现象。在此我关于"遗产与创新"一题的报告就到了末章。

乔装打扮的"设计罪犯"——受企业委托盗取设计创意的人、剽窃者也参与了设计匿名化。其中一些就在民主德国，他们只会履行工厂经理或是某个部长交给他们的任务："看看，这个法国产晶体管袖珍收音机是我从一个商业博览会上带回来的，给我们企业也弄个一模一样的！"

这样的例子为数不多，在一个小国的设计业中，很快就会传开，剽窃者将声誉扫地（同行当然知道是谁）。

反过来民主德国的设计师也会成为剽窃的牺牲者。下面就有一个例子，很遗憾中国企业在其中扮演了不光彩的角色。

1985 年两名柏林艺术学院设计系的学生参加了国有康采恩 NARVA 的一项灯具设计比赛，他们的灯全部由半透明的塑料片组成（图 89）。这个杰出的设计获得了一等奖，但是一直没有投产，仅在由我担任主编的民主德国专业设计期刊《造型＋功用（form+zweck）》上发表，该刊物在国外也有很多读者。一半数量的刊物向海外发行。——您猜到发生了什么吗？

　　1999 年 Albrecht Ecke——两位设计师之一，目前在柏林和波兹坦有自己的工作室——在美茵河畔的法兰克福市参观一个消费品博览会。他突然站在了自己设计的灯具前面，一模一样！灯具在一家意大利的知名灯具厂家的展位上展出（图 90）。产品信息中介绍设计师是一个意大利人。Albrecht Ecke 找到意大利的企业领导，出示了有效的产品设计版权证明，很快就得到了其应得的销售收入部分，并签订了继续合作协议。

▶ 图89

到此一切顺利。RG60 灯具型号仍然是一个高端产品，价格也相应昂贵，十分畅销。但在 2007 年事情出现了转折。产品必须中止生产，因为一家中国制造商剽窃了设计，其制造的完全相同的产品以低得多的价格销往各国，当然是没有得到相应的生产许可。

作为设计史学家和设计评论家，我不想向您隐瞒我对这一做法——"我也能做——而且便宜得多！"——的观点：剽窃不仅是盗用他人的知识产权，而且剥夺了本国设计业独特的文化特性——在外界看来肯定如此，实际上这种做法严重损害了民族的创造意识、特有的创新能力和不可替代的设计能力（这一点后果更严重）。

人们没有认识到，如果此举一旦达到一定程度、毁坏中国产品的声誉，会出现一种危险：由于缺乏创造力和相应的培养，绝望的人们只能到传统、民俗的旧箱子里寻找素材——久远时代的特性被转化为中国设计的庸俗之作和伪文化。

普通欧洲人今天所了解的当代中国形象完全扭曲，这一点值得我们深思：用混凝纸和塑料模型装修的古典风格的中餐馆，中国是杂技唯一的故乡，京剧，复制的兵马俑和冰冷的盗版产品。

亲爱的中国朋友，你们不应该受到这样的待遇！你们是一个伟大民族的一员，拥有令人艳羡的民族文化和自然资源，拥有精神和物质财富，在应对社会和自然危机方面富有经验。您们有能力向世界提供极为特别的、独特的产品：

例如，我们这些欧洲的人文学者和文化活动家惊叹于中国特有的"做减法"和"抽象"文化，这在剪纸、木刻、水墨画和贵国的文字中都有所体现。这种东方文化，这种"少既是多"的观念正是挽救 21 世纪产品设计所必不可少的。您作为年轻的新一代中国设计先锋的代表，有能力、也有义务将其发扬光大。

（介绍一下下列的图片：前四幅出自 1956 年在柏林出版的名为《敏和国（*Min und Go*）》的儿童读物（图 91—图 94）。随后您看到的剪纸是一个电台记者同仁 30 年前出访北京电给我带回来的（图 95），最后的两幅图出自 1951 年民主德国首个大型中国艺术展的目录（图 96—图 97）。

▶ 图 91

▶ 图 92

▶ 图 93

▶图94

▶图95

▶ 图96

▶ 图97

回来看工业设计师今天的角色。他只是制造企业的执行助手、命令接受者吗，或者是产品文化的创始者、创新者，对抗认同和创造性消逝的反抗者？亲爱的朋友们，你们怎能将产品开发、更新和优化都一股脑儿地交给经济领袖、设计工程师和技术人员呢？怎能只甘于最后对上述人物的发明进行西式地美化或者对技术解决方案做一些简单的修改？要知道在地球这艘宇宙飞船上，设计师才是真正的通才、集大成者和乘风破浪的英雄！认识到自己的责任所在需要有见识、有勇气以及毅力——些许疯狂也不为过。

我们的结论是：我们应该从社会主义社会的产品设计进程中继承什么？

（顺便说一个有趣的现象：爱尔兰都柏林大学一篇正在创作之中的博士论文研究的是"民主德国设计的社会视角"。现在西德的一些著名设计院校也开始毫无先见地研究民主德国时期的东德设计史，如 Offenbach 设计学院在探讨"民主德国设计策略和设计进程中的生态可持续性原则"。）

然而，在联邦德国官方的设计政策和其机构以及媒体当中，关于社会主义和民主德国设计的经验的讨论至今还不能登上大雅之堂。不过，明年春季我参与创建的德国设计史协会将会在魏玛市召开一个题为"1945 年后东、西德设计的异同"的会议。

总的来说，德国还很难客观、冷静地评价民主德国的历史，更不要说思考一下这里有没有值得我们继承的东西。各种社会、经济和文化政策的研究只局限于"专制和不公正国家，压制和适应"话题。

不久前我作为听众参加了一场在柏林举行的讨论。讨论的话题之一是教育政策以及目前广受批评的联邦德国的教育困境。其间观众中有个女教师站起来，十分激动地说："今天我们很多教育官员和媒体建议德国应该学习芬兰先进、高效的教育制度。他们难道不知道，芬兰人70年代完全照搬了民主德国的教育制度、联合国教科文组织认为民主德国的教育制度十分先进吗？"对这个问题的回答像入膛的子弹一样蹦了出来："是的，但是民主德国的学校还开展入伍前教育——我们也应该照搬吗？"这种回答再次说明：东德沾染了专政的污点，光鲜的民主制度无法从前者那里继承任何东西！这是一场典型的德国式讨论。"做减法"被看作是可鄙的抛弃行为，而且"做减法"的方式也是完全错误和愚蠢的。

这个故事告诉我：西方在冷战中战胜了其他社会模式，但在一些桎梏于意识形态的人士看来冷战还没有结束，只有当最后一名前民主德国公民低声下气地戴上表示认罪的高帽子时———一如中国"文化大革命"时一样，冷战才会结束。

上述还不是我关于"遗产与创新"一题的报告的结束语。我要引用1985年逝世的伟大人道主义者、西德作家和诺贝尔文学奖获得者海因里希·伯尔的话作为结束语。1964年他在美茵河畔的法兰克福作报告时说道：

"一个国家的人道主义体现在哪里？体现在哪些东西被扔到垃圾堆上，哪些日常的、尚可使用的、诗意的东西被抛弃，被认为需要毁灭。"

谢谢大家耐心听我的报告。

德国现代设计初探

THE FIRST EXPLORATION OF GERMAN MODERN DESIGN

何人可

教授

尊敬的各位专家，各位老师，各位同学下午好。今天非常高兴有机会到这里做一个演讲。介绍德国现代设计。今天在这里讲课，其实我是非常心虚的。为什么呢？这里有来自德国的设计专家，同时也有我们中国最权威的，也是世界级的权威专家王受之教授。讲得不好请大家见谅。

　　我讲的这个部分实际是刚才 Günter 教授介绍的那个部分的前传。虽然说在 20 世纪 50 至 80 年代德国的现代设计分为民主德国和联邦德国两个部分。但是我个人认为，不管是联邦德国还是民主德国，他们的设计都是从一个文化的源泉发展起来的，因此我这个演讲就算是一个前传。早在 1985 年，德国斯图加特对外关系学会就在北京举办一个名为《产品、形态、意识——德国设计 150 年》的展览。在那个时候，这样的展览当然对我们中国人来说是非常新鲜的。150 年间，德国有很多著名的产品对今天全世界的工业设计产生了重要的影响。其中一些经典的作品通过这个展览使中国人第一次近距离的接触到了德国现代设计。大家看到的这本书就是 1985 年《德国设计 150 年》展览的作品集，它使中国人第一次系统地了解了德国设计，也可以说我们建国以来首次有机会了解到西方的这个领域。以我个人来说，1988 年，也就是在柏林墙被推倒的前一年，我有机会访问了德国。在那个时候，到东德是免签证，但是到西德就要办签证。在那一年，我就有机会同时到了东德和西德，而且也真的在东德买过当时东德的产品。那一次我有一个一辈子难忘的经历，就是我曾穿越过了东西方阵营交换间谍的地方——查里检查站。从西柏林到东柏林，有非常严格的检查。我已经走过去了，还被叫回来再检查了一次。从头到脚，每一个兜都被翻出来检查。在那个时候，我就对德国设计感到非常震惊。我在柏林墙的两边都走了一圈，发现了墙的两边存在强烈的对比。在东柏林一边的是白色墙面，沿墙有一个隔离带，里面据说有地雷，人不能接近。而西柏林这一边的墙面，全部是各种涂鸦，被视为现代艺术，后来被很多博物馆收藏。另外还有一个纪念馆，纪念那些用各种办法为从东柏林逃到西柏林而死去的人。我们中国人对德国是非常了解的。因为德国在历史上就是出大哲学家，大文学家的国度。不要忘记，中国是一个共产党领导的国家，但中国共产党

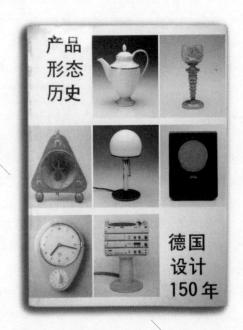

理论基础就是来自德国两个大哲学家：马克思和恩格斯。德国诗人歌德在其最有名的古典史诗《赫尔曼与多罗特亚》里说："一切是简单而直接的，人们再不需要雕刻品和镀金品。"这反映了德国民众对于设计的态度——一切都是简单而直接的。德国的充满理想的哲学智慧在德国现代设计中得到了充分的体现。从青春风格到德意志制造联盟；从包豪斯的设计一直到博朗设计，都体现了德国设计理性简明的特征。当然在德国现代设计里面，我们也不要忘记了刚才的 Günter 教授所讲的东德设计。它也是今天我们要了解的德国现代设计的重要组成部分之一。

德国的现代设计有一个非常重要的源泉，就是青春风格的设计。在德国从古典设计走向现代设计的进程里，青春风格有特别的重要性，值得我们去研究。它的时代背景正是在整个欧洲由古典设计转向现代设计的一个转折点上。从时间上来说，正好是 100 年前，即从 19 世纪末到 20 世纪初这个时间段；从艺术发展历史来说，正是由古典艺术走向现代艺术的重要转折点。在这个时期的欧洲，有一场非常重要的运动，就是"新艺术运动"。"新艺术运动"的起源，有各种各样的说法。但是较有共识的是比利时是欧洲新艺术的发源地。非常有意思的，"新艺术运动"在不同的国家，有不同的表现形式。而且越往北，它就越走向几何化，最终在德国的达姆施塔特艺术家村以及后面的包豪斯变成了直线加方块的当代的表现形式。而越往南，也许随着气候变得越来越热，新艺术变得越来越繁复，到了西班牙的建筑师高迪的手上，达到了新艺术登峰造极的高度。2005 年的时候，我曾经在巴塞罗那看到一个新艺术一百年的纪念展览，那是非常激动人心的。想一想，一百年前，当时那些设计师、艺术家们在苦苦地思索，新的

世纪需要什么样新的技术和新的设计的表现形式。那么，什么是新的表现
形式呢？传统的东西我们都经历了一遍。从古代希腊、罗马到哥特到新古
典，到后来的其他林林总总的复古风格，我们都经历了。我们不要这种艺
术，我们要全新的探索。那么究竟用什么样新的艺术来迎接新的世纪呢？
那就是从自然中提取灵感。而新艺术的精髓就是通过动物植物的艺术形式
来脱掉古典艺术的外衣。走向新的世纪。这就是达姆施塔特艺术家村的背
景。达姆施塔特是德国的一个小城，那里有非常好的艺术学院，也有很好
的音乐学院。黑森州大公爵恩斯特•路德维希 (Ernst Ludwig von Hessen)
在 1899 年创建了达姆施塔特艺术家村。由他出资广罗了德国以及欧洲其
他国家最有名的建筑师、艺术家和设计师，到达姆施塔特进行设计研究与
创作，以此提高黑森的设计水平，增强出口产品的竞争力。其中最有名的
有两位：一位是奥布里奇——奥地利维也纳分离派的重要代表人物，2007
年我曾沿着他的足迹，考查了分离派的重要建筑；还有一位是德国现代史
上大名鼎鼎的贝伦斯。可以说他是人类历史上真正意义上的第一个工业设
计师。这个艺术家村很快成了德国在欧洲新艺术的中心。它的目的是创造
全新的艺术形式，将生活中的所有方面，城市、建筑、艺术、工艺、室内
设计等等形成一个统一的整体。也就是说只要我们还活着，我们的眼睛是
张开的，那么我们所看到的所有一切都是需要设计的。这就打破了传统的
艺术分界。以前建筑师是做建筑的，平面设计师是做平面设计的，但是产
品设计师还可以做家具设计师、灯具设计师等等。但是对于新艺术来说，
一定是整体艺术的概念。那么整体艺术这个概念，它的灵感来自什么地方
呢？来自自然界植物和动物的无限生活力。非常遗憾的是，在第二次世界
大战期间，达姆施塔特被轰炸过，艺术家村的建筑和设计作品遭到了极大
的破坏，但是战后，经过当地政府不断的努力，绝大部分的建筑都恢复到
了原来的模样。设计作品也被重新收集起来。

既然是整体艺术，所以这个艺术家村从规划、建筑设计到每栋建筑里面的所有产品，一直到艺术家们的服饰，甚至他们的夫人们的首饰都是由达姆施塔特的设计师来设计的。我们现代艺术的重要特征之一是跨界，其实这个跨界并不是由现在开始的。这个跨界是由 100 年前就已经开始了。达姆施塔特艺术家村里面的所有设计都是由设计师自己来完成的。我们可以看到的这些设计师的住宅就是如此。我们注意到，新艺术在德国也叫做青春风格。这个青春风格由古典到现代的过渡，尽管青春风格源于新艺术，但是已经大大地被简化，呈现出新的、几何化的表现形式，贝伦斯为自己设计的这个住宅就是非常典型的青春风格。在德国青春艺术风格里，装饰还是存在的，但它们是从自然界抽象出来的，用几何化图案的形式去取代了传统图案。在德国青春风格建筑中我们依然可以感觉到德国传统建筑的一些特征，不过在这里可以看到很多自然界中抽象出来的动感而具有生命活力的曲线。这种曲线就是青春风格的特征，反映了自然界的无限生机与活力。在这里我们可以看到这个艺术家村的一个重要标识就是婚礼塔。师承自然也包括向人体学习，人也是自然的一部分。这个婚礼塔的设计就是借鉴了人们在结婚时向对方表示忠诚的手势，塔顶的造型是伸开的手掌。我们中国人在结婚的时候会有"交杯酒"，德国人在婚礼上喝"交杯酒"的时候也有特别设计的产品。我们可以看到这是非常典型的，非常漂亮的青春风格。整个欧洲在那个时期都是这样的设计趋势，显示了欧洲文化的一致性，这也是今天形成欧盟的文化基础之一。像那种非常几何化的玫瑰花，几乎成了欧洲新艺术的一个标志，不仅仅是在英国有、德国有、奥地利有，在其他的国家，比如说在美国的莱特的窗花里面也有。所以那个时候，艺术风格基本上是一致的。而且新艺术和东方艺术还有非常密切的关系。当时的许多艺术家把中国和日本的艺术奉为瑰宝，很多设计师、艺术家到东方来寻求设计的灵感。因为我们中国人是最讲究师法自然的。

　　我们刚才讲的视觉艺术的一致性。在这里的设计都体现了设计风格的一致性，包括灯具、家具、玻璃器皿、陶瓷制品、首饰设计等。为什么路德维希大公要请世界上最优秀的艺术家到这里？他希望通过这些艺术家的工作能够提高批量生产的产品的质量，提高黑森州产品在全世界市场上的地位。其实在这里，他已经有了工业设计的基本概念在这里。继承与创新，在这些作品中可以得到最好的体现。绝对不应该只是在现代产品上贴上传统图案。那是非常肤浅的。看看达姆施塔特设计师们的设计，材料和工艺基本上是传统的，但是设计是完全创新的。他们的灵感都是来自大自然，非常动感。我们看到100年前，欧洲的这些设计师们就是在用设计去创造全新的一种视觉环境和产品文化。有些东西在今天还在生产。一种设计风格延展到所有的产品上，这是德国设计的一个重要特点。难能可贵的是，经过两次大战，达姆施塔特艺术村中的设计作品大都流失了，战后居然可以全部收集回来。

　　陶瓷本来是我们中国的传统，中国为什么叫"China"，因为我们是陶瓷的故乡。但是今天世界上著名的陶瓷品牌没有一个是中国的。为什么呢？因为我们没有创造，没有设计。实际上，我们生活中所有要用到的东西都需要设计的。路德维希大公希望通过批量生产艺术家们的设计，成为其德国出口产品里面的一个部分。当时的设计重点是在产品的造型上而不是图案上面。不少作品很有中国味道，造型非常漂亮。这些产品都是很优秀的，100年前的东西现看来还是很现代。贝伦斯原来是画家，但是后来他成为了一个了不起的建筑师、了不起的平面设计师和工业设计师，所以那个时候他是跨界的设计师。我们可以看到他的设计是非常非常东方的，他所用的莲花、蝴蝶等图案都是东方美的象征。但是我们看到的这些图案，都已经简化和几何化了。他的一些设计，今天依然还在生产。1917年，德意志制造联盟成立，贝伦斯是其重要人物之一，他还担任了 AEG 的艺术顾问，相当于今天的设计总监。他把 AEG 的产品设计、建筑设计、包装设计和广告设计进行了整合，并在产品设计中第一次实现了标准化和多样化的结合。贝伦斯设计的电钟是最经典的 AEG 产品，20 世纪 70 年代还可以买得到。DDR 时代的很多设计可以看到它们与贝伦斯设计的关系。包豪斯的一些东西在这里已经初露端倪。新艺术在南欧灿烂的地中海阳光下的西班牙变得越来越繁复；而在北欧，随着气候变冷，设计的风格也变得简洁起来。最后就变成了直线加方块的艺术，在德国形成了非常典型的青春风格。1914 年，由于第一次世界大战爆发，艺术家村不得不终止。1919 年，就是一战后的第二年，4 月 1 日这一天包豪斯成立，包豪斯的创始人是贝伦斯的学生格罗皮乌斯。贝伦斯不仅仅是一位伟大的建筑师、艺术家和设计师，他也是伟大的教育家，在他的工作室里，有三位伟大的弟子，我们知道在 20 世纪在建筑界有四位大师，三位在欧洲，他们是格罗皮乌斯、密斯，还有法国的柯布西埃。他们都前后是贝伦斯的弟子。仅这一点，他就有了不起的地位。

包豪斯的创立标志着德国现代设计，乃至世界现代设计的真正发端，其影响至今不衰。由于包豪斯已经广为人知，我就不再叙述了。

下面是德国现代设计发展的主要时间结点：

1899 年达姆施塔特艺术家村建立

1907 年德意志制造联盟成立，贝伦斯是其重要的代表人物

1914 年达姆施塔特艺术家村解散

1919 年包豪斯成立，贝伦斯的弟子格罗皮乌斯和密斯先后担任校长

1933 包豪斯解散

1953 年乌尔姆设计学院成立，并与博朗公司建立合作关系

1968 年乌尔姆设计学院解散

　　我们可以从德国的设计史上发现一个非常有趣的现象——不论是一个设计机构还是一个好的设计学院，都是非常短命的。大概都有这么一个宿命。而且这些学院或者机构主要都是由于政治的原因而停办的，包豪斯就是因为太多的左翼师生而被纳粹关闭。德国战后现代设计非常重要的一个学校就是乌尔姆设计学院。包豪斯时代强调艺术与技术的新的结合。这个结合是在批量的工业生产上的结合，而不是原有的手工业的基础上来结合。乌尔姆学院的设计理论在战后影响很大。我认为它有两点是对德国今天的现代设计有重要的影响。第一点就是强调设计的科学性，设计不再是艺术与技术的结合，而是一门科学。它的创始人之一马尔多纳多把所有原来从包豪斯继承下来的艺术课程全部删除掉，以数学、物理和社会科学课程取而代之。他们认为设计是可以把握的，是可以用一种科学的方法来进行设计工作。另外一点就是它的系统设计理论，强调设计体系的完整性以及与设计相关的各种因素的统一性。乌尔姆设计理论在博朗的设计里面得到最好的体现。乌尔姆的旧址依然存在，很可惜这只是今天的乌尔姆大学的一个部分，现已经不是乌尔姆设计学院了。就像现在包豪斯旧址看不到包豪斯的东西，要去柏林的包豪斯档案馆看包豪斯的东西一样，在这里也看不到乌尔姆设计学院的东西，要在市区的另一个地方去看乌尔姆的档案馆。因为是战后时期，1953 年，所以那个时候德国还是物资非常匮乏的。可以看到由马克斯·比尔设计的乌尔姆校舍是非常简陋的。不过也体现了乌尔姆设计学院的设计理念，到现在还保存得非常好。

　　现在，我们如果说要谈到德国的设计，很多人就会说，真正代表德国设计的就是博朗的设计。博朗的设计里起源于 1955 年，经过几十年的发展完善，形成了特点鲜明、注重功能设计的风格。博朗的设计被设计大师迪特·拉姆斯（Dieter Rams）概括总结为产品设计的 10 项原则：

1. 创新的

2. 实用的

3. 有美学上的设想

4. 易被理解

5. 毫无妨碍的

6. 诚实的

7. 耐久的

8. 拥有细节

9. 符合生态学

10. 尽可能少的设计
（less is more）

　　这些原则是德国现代设计的精髓所在，它们就成为了今天德国设计的最重要的理念。2005 年，博朗设计经过了它 50 年的历史，举办了一个非常重大的"博朗设计五十年"活动，这是一个很大的展览会和国际研讨会。我应邀参加了这个活动，见到了博朗设计的灵魂人物迪特·拉姆斯。在"博朗设计五十年"展览里我们看到很多东西，几乎所有博朗的产品都收录在里面。博朗早期的设计表现了德国设计的核心理念，简洁而实用。其实德国的设计在很大的程度上是一致的，都是非常理性的，充满智慧，很有细节。这次我居然在法兰克福的跳蚤市场买到了一个经典的博朗设计产品——旅行闹钟，很开心。有人说今天的苹果设计在很大程度上就是学习博朗的设计。今天在全世界最流行的产品 iPhone，它跟博朗 20 世纪 70 年代的计算器的设计就非常相近。在达姆施塔特艺术家村边上就是黑森州设计中心，这是一个非常有名的德国推广现代设计的机构。在黑森州设计中心里面，举办了一个迪特·拉姆斯个人五十周年的设计展览。其中一个设计是在设计史上大名鼎鼎的《白雪公主》（snow white）。

　　今天我的演讲就到此结束，谢谢汕头大学长江艺术与设计学院的盛情邀请，谢谢各位来自德国和中国的专家，谢谢老师和各位同学！

东西东西：

社会主义经济时期的产品设计点滴

THINGS OF THE EAST &
THE WEST IN SOCIALIST ECONOMY

王受之

教授

中国和德国政府举办了一个历时三年的德中友好活动，旨在增进德中双方的相互理解与信任，为长期成功合作奠定基础，开拓德中合作新领域，塑造一个积极、富于创新、面向未来的德国形象。

　　在这个活动中，汕头大学长江艺术与设计学院（CKAD）和德国驻广州领事馆、歌德学院等有关方面合作，举办了德中同行学术活动，其中一个是以研究东德的社会主义时期的工业产品设计历史著名的学者昆特·霍纳（Günter Höhne）和 CKAD 的几位研究产品设计史的学者为中心的学术讨论会，由工业产品设计专业负责人李昊宇策划。会议之后，整理了发言和文章，结集成册，研究了东德、中国在社会主义计划经济时代的产品设计和生产状况，就是大家手上的这本书。

　　我当时参加了会议，今年这个集子要出版，策划人约我写一篇文章，由于我自己对于社会主义计划经济时期的中国产业比较熟悉，因此我这篇文章就比较集中地谈谈这方面的问题。资料来源主要依据上海档案、地方志，因为上海是中国最大的产业基地，对于中国现代设计的发展具有举足轻重的意义。

　　东方的中国，西方的东德，是在社会主义计划经济时期很典型的两个经济体。设计发展慢，却各有各的发展，而对于这两个国家的设计，似乎很少人研究。原则来说，两个国家都是在计划经济体制下运作，计划经济导致供应式的生产、缺乏市场机制、消费产品供不应求、更新换代缓慢、产品单一，甚至采用配给制的分配方法。此次学术研讨会上，昆特·霍纳的报告和演讲反映的正是这样一个情况，在我看，恍如隔世，却又似曾相识。

　　1949 年中华人民共和国建立，整个经济结构开始朝中央计划经济调整，经历过 1956 年的"公私合营"化运动之后，民营、私有企业开始消

东西东西：
社会主义经济时期的产品设计点滴
THINGS OF THE EAST & THE WEST IN SOCIALIST ECONOMY

081

失，到 1966 年"文革"时期，整个经济结构已经没有了私营、市场要素，全部转成配给式、计划经济的供应模式。消费产品设计、包装设计大幅度倒退，而广告设计更是基本被消灭。

我建议分几个阶段来看中国发展的这个过程：

第一阶段，是没收旧政权控制的企业、兼并外资企业，这个时期叫做"国民经济恢复时期"，具体时间是从 1949 年 10 月中华人民共和国建立到 1952 年底。这个时期是进行社会主义经济建设的准备阶段。没收官僚资本建立国营工业，调整私营工商业，1951 年底到 1952 年开展了"三反"、"五反"运动，限制私人资本工商业，在三年时间内恢复了国民经济。到 1952 年底，工业总产值增长 145%，具体到消费品生产来看，企业的转型是影响深远的。国家没收官僚资本及敌伪企业，关闭外资企业，采用没收、兼并的方法，组成生产消防产品的国营企业。以消费产品生产量最大、最集中的上海来看，上海轻工业到 1949 年底尚有外商资本经营的企业 49 家，到 1960 年按不同情况处理完毕。其中作为转让给政府的有 17 家，代管的有 4 家，接管、收购、征用、租用的各 2 家，军管、没收、改为华商的各 1 家，歇业的 15 家。同时，没收官僚资本的财产归人民所有，由国家接管的轻工企业有卷烟、皮革、肥皂、食品、酿造、樟脑、自行车等 20 多家。到 1952 年，上海国营消费品产业有造纸、食品、卷烟、肥皂、火柴、自行车、缝纫机、木材、玻璃、制笔、口琴、电池等 30 家，属于中型和大型国营轻工企业。消费产品（长期称之为轻工业）的生产基本都在此列。

第二阶段，是国家对私营企业实行改造，逐步把私营企业用阶段性方式转入国营。方式是使私人企业通过"公私合营"的方法把自己的企业交由国家管理。也是以上海为例，在 1953 年至 1957 年的"第一个五年计划"期间，上海轻工业先有 64 家私营企业改为公私合营。上海市把收归国营后的公司按行业成立 26 个专业公司。划为中心厂 724 家，卫星厂 9524 家，独立厂 251 家，时钟、自行车、啤酒等、罐头食品、糖果、纸张、缝纫机、热水瓶（图 1）、搪瓷制品、肥皂、卷烟、火柴等行业，闹钟、金笔、自行车、

▶ 图1

搪瓷制品生产比较稳定，以质量第一，设计则无发展，因为市场逐步转变为配给制的形式，无需设计刺激需求。

根据市场情况，1958 年中国的消费品产业增加了一些新的行业，如手表、照相机、合成洗衣粉、感光胶片、高级金笔、公路赛车、人造宝石、石英玻璃、气体钢瓶。上海把 267 个小厂合并组建成上海自行车三厂，使上海地区自行车年产量上升到 47.19 万辆，占全国总产量的 40.2%。

第三个阶段是全面退步、停滞时期。1966 年开始的"文革"，对中国的轻工业（消费品工业）造成的损失和恶果难以估量。企业管理制度遭破坏，大批干部受迫害，产品质量下降。设计则基本全部陷入瘫痪状态。

第四阶段是开发改革初期，1978 年中共十一届三中全会提出以经济建设为中心和改革开放的方针，国内轻工业进入一个新的发展时期。产品设计、包装设计、广告设计逐步起步。企业尝试打破计划经济时代的"工不经商"控制。工业企业开始组织经营商业、房地产业、服务业、综合利用、加工工业等，发达地区，比如上海、天津、广州等大城市内的轻工业企业和国内其他比较欠发达地区小制造厂组建联营企业。生产大厂现有的优质产品，包括自行车、缝纫机、钟表、日化、搪瓷、食品、电池、自来水笔、包装装潢材料等。此外，还建立中外合资合作企业，上海一个城市的中外合资企业当时已经有 22 家，来自美国、英国、日本、泰国、新加坡、

▶图2

▶图3

德国等地。到 1990 年，上海地区的合资企业总产值已达 7.76 亿元，并有一半以上企业的产品外销，出口值逾 1 亿元。

　　开发改革时期开始对原来行政模式的生产进行彻底改造，上海 14 个行政性公司逐步减少行政性职能，以后又进一步组合成 21 个企业性公司、27 个单列企业。随着行政性公司相继撤销，进一步增强了企业的活力。上海轻工系统出现了一批新的企业集团（公司）。以上海优质名牌产品为龙头，组建成跨地区、跨部门、跨所有制的新的经济联合体。比如，在国内市场颇有影响的两个自行车品牌在 1986 年组成了集团，就是永久自行车（图 2）集团和凤凰自行车集团（图 3）。永久集团组合跨 14 个省市，有 57 家企业，5 万名职工。凤凰集团横跨 14 省市，由 43 家企业组成，1990 年生产自行车 652 万辆。

上海轻工业在从计划经济向市场经济转变中，开始以市场为导向，不断更新、开发新产品。20 世纪 80 年代初，以自行车、缝纫机、钟表"三大件"和食品、日用化学、电影照相机、包装装潢等"四大支柱"为重点进行产品更新。随着人们消费观念及市场需求的变化，1986 年进一步提出开发 10 大门类新产品：智能化轻工产品，食品及生物制品，现代化办公用品，宾馆住宅配套用品，精细化工产品，服装加工设备，家用电器产品，机动自行车及健身车系列产品，各种技术用纸，先进包装材料和容器等等。随着优化产品结构，扩大花色品种，发展一批有较高技术水平的出口创汇重点产品。有 14 个行业 100 多家企业的产品采用国际标准生产。梅林牌罐头、白猫牌洗衣粉、美加净牙膏、大白兔奶糖、三角牌玻璃器皿、英雄牌自来水笔、蝴蝶牌家用缝纫机（图 4）、钻石牌机械闹钟、凤凰牌自行车、向阳牌保温瓶以及搪瓷烧锅等一批产品，出口第三世界国家，有一定影响。在这种条件下，设计也能够有一定的发展。

▷ 图4

　　中国消费品门类比较齐全的生产中心是上海，自行车、缝纫机、玻璃制品、搪瓷、保温瓶、化妆品、肥皂、牙膏、造纸、食品、制笔、纤维板、手表、照相机、感光材料、合成洗涤剂、合成香料、光导纤维、电脑办公用品、节能高效电光源、家庭日用器具都很齐全。

　　解放后40多年，上海消费品产业从原来的传统行业发展，并且在国营体制企业内开创了新类型的产品生产，比如手表、照相机、感光材料、合成洗涤剂、合成香料、合成脂肪酸、柠檬酸、纤维板、家用电器制造等等。从20世纪70年代开始，钟表、自行车、缝纫机等"三大件"在国内市场需要量越来越大，生产规模一再扩充，产量连年上升，还是供不应求。因为整个经济依然是计划经济，完全是卖方市场，设计上发展得极为缓慢。改革开放后，市场经济引入，消费阶层形成，消费品产业淘汰一批滞销产品，发展食品、日化、电影照相机、包装装潢等上海轻工"四大支柱"行业，其中包装设计、广告设计占用越来越重要的市场地位。随后在消费产品中开始发展高新技术行业门类，电脑复印机、多功能电子打字机、第三代光源金属卤化物灯等相继投放市场。同时随着大批宾馆、饭店和新住宅楼的建立，成套搪瓷厨房用具、各类不锈钢餐具以及家用电器也成为越来越重要的产品。1990年，上海轻工业已发展为19个行业，90多种大类产品，2万多种花色品种。而这个时期中国消费市场也在发生急剧变化，市场经济在消费产品市场上越来越起主导作用，刺激了设计的发展。

　　按照行业来看，中国的消费品生产到20世纪90年代初还是种类有限，产品适应不了国内市场需求的情况，产品设计在其中的作用有限，很多产品的设计款式都是多年不变。这种情况到20世纪90年代出现了比较大的转折，随即而来的大量外资企业产品。进口产品，又造成消费产品企业的困境，许多企业在后来的十多年破产、改组、被兼并、被收购。

在这里我用上海消费用品中比较突出的自行车、缝纫机、保暖瓶和包装设计做案例，说明解放后计划经济时代的设计状况。

上海自行车的发展，是从销售外国自行车到自行生产、自行设计自行车，逐步成为中国自行车最大的生产、设计中心的。自从 1843 年上海开埠，英国、德国、日本的自行车先后打入中国市场。因此上海陆续出现了销售自行车的车行，比如 1897 年诸桐生开设的同昌车行， 1920 年的大兴车行和润大车行等。这些车行都与国外厂商有直接联系。1926 年，上海大兴车行聘请 2 名日籍技工，用进口配件装配自行车，组装成红马、白马牌自行车销国内市场。1927 年，上海润大车行用进口零部件装配生产飞龙牌自行车。上海自行车零部件的制造工业因此受刺激而出现。1922 年的王发兴侬记铁工厂，1927 年的泳昌钢圈厂和隆昌五金钢丝厂，1929 年的鸿飞车头制造厂和杨永兴座垫厂，1939 年开始生产飞轮的裕康五金制造厂，1940 年的古特钢珠厂和生产脚蹬、车铃的百龄工厂等。上海进入可以独立制造自行车时期。这个发展受到抗日战争的打击，产业陷入停顿状态。

抗日战争胜利后，上海开始生产国产自行车，起源是国民政府资源委员会接管日商开办的上海昌和制作所，改名为中央机器有限公司上海机器厂第二制造厂，后改称为上海机器厂，生产自行车，年产 3600 辆。之后泳昌钢圈厂、新星机器厂、礼康制造厂、同昌车行等 20 余家自行车企业联合起来，组织"国产脚踏车厂商联合请愿团"去南京请求停止进口外国自行车，不果，因而国产自行车生产依然岌岌可危。

1949 年 5 月上海解放后，上海军事管制委员会重工业处委派朱兆衍等接管中央机器有限公司上海机器厂，并改名为上海制车厂（后改名上海自行车厂）。下面共有 190 家企业，职工 2500 人，年自行车产量为 4373 辆。是永久牌自行车的雏形。

1953 年起的第一个五年计划期间，上海自行车厂学习和推广苏联经验，建立总工程师、总工艺师、总设计师、总机械师和生产长"四师一长"制；以作业计划为中心，设立流水生产线，同时加强产品检验和技术管理。1956 年成立上海市自行车制造公司以后，在公司的统一领导下，所有私营自行车企业全部实行公私合营。组建成35家中心厂，1958 年，裴轮、鸿昌、中华生、德大、源兴、韩记富康等 6 家中心厂和永兴 1 个卫星厂合并组成上海自行车二厂，生产幸福牌自行车（后因发展摩托车于 1964 年划归上海市机电局，改名为上海摩托车厂）。同年又将上海市铁床车具生产合作社、中华五金医疗器械生产合作社和同昌车行制造厂、亚美钢圈厂、商顺隆电镀厂、金山铁工厂等 18 家中心厂以及一部分小厂共 267 家单位合并组成上海自行车三厂，生产凤凰牌自行车。

1966 年至 1976 年的"文革"期间，上海自行车行业出于困难时期，永久和凤凰牌商标被批评为反动图案。连仿造国外的 16 英寸避震小轮车也被称作"阿飞车"推上街头 "游街示众"。直到 1978 年以后，上海自行车行业得到全面发展。

改革开放以来，市场需求庞大，生产量不足，从 1980 年开始，沪产自行车供应更为紧张。为缓和自行车供不应求的矛盾，政府扩大了生产的规模。1984 年，自行车市场出现名牌紧缺、非名牌滞销的局面。为了压缩非名牌产量，增加名牌自行车的供应量，国务院批转国家经委关于促进联合，扩大名牌自行车生产施行方案。上海生产的永久牌、凤凰牌和飞达牌自行车，（图5）"以名牌为龙头，采取各种形式联合"，开展联营生产。与上海自行车厂联营生产永久牌自行车的有苏州、南通、合肥、烟台、沙市、西安、柳州 7 家自行车厂，与上海自行车三厂联营生产凤凰牌自行车的有绍兴、太原、玉林、哈尔滨、邯郸、连胜、昆明等自行车厂和武汉、合肥自行车零件厂，与上海自行车四厂联营生产飞达牌自行车的有淄博、南宁自行车厂和武汉自行车一厂等 3 家，与上海自行车二厂联营生产自行车整车和电机的有枣阳自行车厂、无锡西漳电机厂 2 家。1984 年至 1990 年联营生产的永久、凤凰、飞达牌自行车达 2000 万辆。

▶ 图5

　　解放前后多年来，上海自行车类型主要是平车，包括男女平车，是自行车的基本车型。男车车架为菱形结构，女车车架为四边形结构。车轮直径有28英寸和26英寸两种。国家对设计标准化是在1955年第一机械工业部领导的，在上海自行车厂设计一辆新的28英寸平车，命名为"标定车"（即标准定型的自行车）。1955年12月，制造10辆样品车，达到设计要求。采用公制，产品设计、规格尺寸等方面全部标准化，统一了全国自行车零部件的名称和产品设计规范，明确了产品质量的统一要求，中国自行车产品设计和生产技术步入正规。1956年，上海自行车厂将标定车投入批量生产。

　　第二次标准化是在1958年，上海自行车行业提出了质量赶英国兰苓牌自行车的目标，于1964年制造成功永久和凤凰牌PA14型高级平车，各小批试制200辆。整车重量、骑行轻快性、构件强度、电镀和油漆质量、成车装饰和轮胎性能等10项指标，达到兰苓牌自行车的质量要求，全面提高了永久和凤凰牌自行车质量和市场信誉。上海自行车厂于1965年将PA14型改为PA13型。1970年，上海自行车三厂试制成功凤凰牌PA18型自行车。1971年，上海自行车厂永久牌PA17型自行车投入生产。这两种型号的产品均装有全链罩、镀铬衣架和单支撑，采用转铃和拉杆式轮缘闸，增加罩光漆，深受用户欢迎。PA18型自行车首次采用立凤商标，造型美观，成为旺销不衰的产品。至 1990 年，上海共发展 38 种型号的平车品种，其中永久牌 11 种，凤凰牌 24 种，扳手牌、新华牌和生产牌各 1 种。这种方法，保证了质量，标准化了产品，却也使得设计工作难以成为一个常年运作的工作，一款标准车可以生产几十年之久。

上海另外一种比较重要的消费产品是家用缝纫机，也是在清代末年从外国输入的，其中晋隆、华泰、天和、茂生、复泰、信生等各大洋行在上海推销各种外国牌号缝纫机，最后为美国胜家公司（Single）产品垄断中国市场。

1928 年，计国桢、冼冠生等 6 人出资入股，向礼和洋行、谦和洋行购机器，在上海谨记路（今宛平路、肇家浜路南侧）开设胜美缝纫机厂，陆晋生任工程师，试制出第一台国产家用缝纫机。1936 年，阮耀记袜机袜针号改名为阮耀记缝衣机器无限公司。在上海郑家木桥生产 15—30 型缝纫机，商标为飞人牌（图 6）。生产规模不断扩大，月产缝纫机 20 台。抗

▶ 图6

日战争爆发后，缝纫机终止进口，上海市场缝纫机供需紧张。郑家木桥一带缝纫机商店趁机转向生产缝纫机。1930 年，协昌缝纫机器公司生产金狮牌家用缝纫机，后改为蝴蝶牌。1946 年家庭缝纫机厂使用蜜蜂牌商标生产缝纫机，这就是解放后的上海缝纫机三厂。

上海解放后，外国缝纫机不能够进口，上海缝纫机产业重新振兴。缝纫机产品以汉语拼音字母为代号分类，"J"型为家用缝纫机，"G"型为工业用机，"F"型为服务行业用机。第二个字母系表示不同机构和线迹形式。到 1964 年，形成以上海缝纫机一厂、惠工缝纫机厂（1967 年 4 月迁往陕西省）、协昌缝纫机厂、远东缝纫机厂为主体的一个比较完整的专业化生产及协作体系，使家用缝纫机得到很大发展。 1965 年，上海自行车二厂划归缝纫机行业，改名为公私合营上海工业缝纫机厂。1974 年，又将上海自行车锁厂转产工业缝纫机，改名为上海缝纫机四厂。

开发改革之后，也出现了类似自行车行业的上海名牌缝纫机供不应求的情况，企业再次扩大。1990 年，上海轻工系统缝纫机行业共有 28 家企业，职工 25005 人，总产值 59811.5 万元。

JA 型家用缝纫机原来是参考美国胜家缝纫机改制的，式样陈旧，只能单向缝纫。1956 年，上海缝纫机一厂开发出流线型机身、新型面板、方型绕线器、彩色绉纹漆，可以倒顺送料，开启式梭床的 JA 型家用缝纫机。以后，上海各缝纫机厂又陆续开发出一系列 JA 型的新品种，如 JA2—1、JA2—3 型装有倒顺送料机构，JA2—2、JA2—4 型除有倒顺送料机构外，还可以落牙绣花，使 JA 型系列产品成为上海家用缝纫机的主要产品。1990 年，上海 JA 型家用缝纫机生产的品种近 20 个，产量达到 240 万架，占家用缝纫机产量的 76.90%。

惠工缝纫机厂于 1955 年至 1956 年先后生产 JB1—1 型、JB1—3 型家用缝纫机。1961 年该产品转入上海缝纫机三厂生产，先后生产 10 多种

JB 型系列中高档家用缝纫机，成为 JB 型专业生产厂。JB 型家用缝纫机采用了连杆式机构，具有噪音低、震动小等特点，JB15—1 型家用缝纫机采用 "C" 字形机壳结构，从根本上改变了国内外筒状机壳结构。

1981 年，上海缝纫机一厂开始生产供服务性行业用的 FB 型第二代家用缝纫机系列产品，采用连杆式挑线机构、可调式下轴曲柄、开启式梭床、自动除尘块、相拼彩色，装有三排头送布牙、针板和相应的压脚，缝纫性能比一般家用缝纫机超厚 2 毫米，缝薄料时又能满足绣花等要求，质量稳定。上海缝纫机一厂于 1982 年至 1987 年先后研制生产 JH8—1 型手提式多功能缝纫机和 JH56001 型电脑缝纫机。JH8—1 型采用铝合金压铸、精密冲制等先进工艺，箱（手提箱）机（机头不用机架）结合，筒板式两用，具有 8 种机械变更花样，并有直线、卷边、贴布、双针、锁边、包缝、钉扣、盲缝、嵌缝、缝拉链等多种缝纫功能。JH56001 型电脑缝纫机是采用单片微机作为主控件的智能化产品，能缝 30 多种基本花型，各种花型可用电脑记忆及任意组合，并具有双针缝纫、钉钮扣、锁钮孔、反向缝、加固缝等功能，用手动、脚踏、无级调速，面板有花型及横直针显示。

保温瓶最早是在 1911 年由德国输入中国。以后，美国、日本等国产品相继而入。上海中英药房最早经营外货保温瓶，但因售价昂贵，一般市民很少问津。继后日本商人垄断了中国保温瓶市场。到 1925 年，在抵制洋货运动高潮中，上海协新国货玻璃厂生产出我国第一只麒麟牌保温瓶。1926 年，光明电器热水瓶厂也生产出热心牌保温瓶。1927 年，上海出现了汉昌、三星等热水瓶厂。民族资本家纷纷投资设厂，保温瓶厂盛极一时，成为我国民族保温瓶工业发展的重要阶段。抗日战争爆发后，保温瓶行业在战争中损失惨重，惨淡经营，努力之后，部分能够复业。太平洋战争爆发后，内外市场中断，材料来源断绝，为维持生存，以毛竹编制保温瓶外壳代替金属材料，成为中国保温瓶设计的一个时代特色。

抗日战争胜利后，保温瓶在短期内出现内外销旺盛势头，1947年上海16家厂每月出口保温瓶6万打。上海解放后，各厂陆续复工。1956年，全行业55家工厂全部公私合营，先后裁减合并31家厂。经过调整改组后的上海保温瓶行业，到1966年，逐步组成了光大、立兴、永生、金钱4家全能生产企业、1家竹壳保温瓶生产企业。光大热水瓶厂改名为上海保温瓶一厂，立兴热水瓶厂改名为上海保温瓶二厂，永生热水瓶厂改名为上海保温瓶三厂，金钱热水瓶厂改名上海保温瓶四厂，竹壳保温瓶厂改名为上海保温瓶五厂。"文革"期间，除了竹壳的保温瓶外，增加了用重印铁皮做外壳的类型，造型极为简陋。直到"文革"结束之后的1979年，上海保温瓶一厂才推出了气压出水保温瓶，开创了几十年来中国保温瓶产品升级换代的局面。

谈设计，平面设计是一个大门类，长期以来，中国把平面设计（或者视觉传达设计）叫做包装装潢，而上海的包装装潢业是设计人才最集中的行业。早期的装潢业出现在出版社、印刷厂。1850年，上海戏鸿堂笺扇庄开业。这是一家由卖字画的古董店发展为前店后工场的印刷所，承印请柬、名帖等装潢产品。1884年创办的陈一鹗纸号，以水印为主，铅印为辅，经营丝厂包装业务。而谢文益印刷所，则是以刻字手艺逐渐拓展为独具风格的特色印刷厂。之后又有永祥印书馆和巨成印刷所开业。

上海最早出现的包装纸盒厂是清光绪三十一年（1905年）开业的恒新泰纸盒厂，以后在1911年至1917年期间，先后开设的纸盒厂有赵天福纸盒作、茂泰祥纸盒厂、长新记纸盒厂、薛源兴纸盒厂等，产品主要为糕点食品和服装鞋帽制作包装盒，大多集中在上海人口最密集的老城厢（今南市区）周围。

20世纪初，一些外商也开始在上海开设包装装潢印刷工厂。民国元年（1912年），日商开办芦泽印刷所。1922年，美商开设中国版纸纸品公司。1931年，英商创办大英烟草公司华盛路印刷厂；同年，日商又建立上海纸器株式会社等。

1931年，上海有包装装潢印刷厂48家、纸盒厂22家（不包括个体手工业者）。这些工厂以小型作坊为主，设备简陋，大都依靠手工劳动。以后，由于欧美和日本等国的商品竞争日趋激烈，对商品的包装装潢要求也越来越高。一些有竞争力的民族企业，也要求包装装潢赶上欧美潮流。1932年，沈逢吉、鲍正樵等合伙创办中国凹版公司，在我国最早实现雕刻制版承印钞票及各种有价证券。1934年，鲍正樵又独资开设上海凹版公司，承印凹版的股票、毕业文凭、如意膏瓶贴和凸版的维他赐保命、艾罗补脑汁盒贴等。1933年许俊英创建的飞达凹凸彩印厂和1936年姚清先开办的精美兴记凹凸彩印厂，都以试制国外流行的产品包装盒的造型和图案，赢得了客户，打开了市场。从此，凹凸版彩印成为包装装潢印刷品主要工种，带动了整个包装印刷行业的发展。在此期间，纸盒企业也由小作坊向机制工厂发展。先后有赵天福纸盒作坊扩展成一定规模的工厂；1933年，陈作霖开设的制盒小作坊发展为陈兴泰机器制盒厂，形成了机器制盒生产线；1935年，赵书安创办华安纸盒厂，实现了第一家采用机器轧盒（用芯子车代替手工轧刀）；1923年开设的张嘉记制盒厂于1939年重新注册开办永固嘉记纸版纸品厂，专业生产麻布版箱和瓦楞纸箱。

经过这个时期的发展，上海包装装潢工业正式形成并初具规模。到1941年底，全市包装装潢行业已有印刷厂204家、制盒厂47家（不包括3人以下的小企业）。

抗日战争期间，受战事影响，生产衰落。抗战胜利后，随着市场复苏，包装装潢业也有了发展。到1949年，上海正式注册的包装装潢印刷厂有464家，纸盒厂96家。

中华人民共和国成立后，包装装潢业随着轻工业产品的增长而发展，到1956年全行业公私合营时，上海已有私营从事包装印刷的工厂954家、纸盒厂445家。这期间，由于出现生产过剩，对一些企业进行了调整，通过支内、拆并、转业，上海包装装潢行业印刷厂减为750家、纸盒厂205

家，并出现了一些具有行业特色的企业。如以制作精细凹凸印件和彩色商标著称的许良友凹凸彩印厂（今上海凹凸彩印厂），在 1958 年就开始印制塑料薄膜包装袋的戏鸿堂印刷厂和普业印刷厂（今上海人民塑料印刷厂），从 1965 年起就被外贸部门指定为当时全市唯一的专做出口瓦楞纸箱的德成纸品厂（今上海纸箱一厂）等。

　　1965 年起，随着轻工产品包装发展的需要，开始出现包装装潢材料工业。1966 年，由 27 家小家庭手工作坊合并的天成烫金用品厂（今上海烫金材料厂），研制成功了替代进口的电化铝热烫印箔。投入生产后，大量印制《毛泽东选集》和《毛主席语录》（图 7）封面的烫印材料，工厂也由此而得到发展。到 1966 年底，上海包装装潢行业已经具有装潢印刷、纸盒纸箱、包装材料三大门类，工厂也归并为印刷厂 34 家，纸盒厂 29 家，其他厂 10 家。

　　1966 年开始的"文革"，使各行业生产受到严重影响，而包装印刷行业由于承接印刷《毛主席语录》红书面等任务，有关工厂生产仍有较大的发展。1968 年，上海人民印刷十厂因最先印制成功《毛主席语录》封面，把领袖像和金字加工成凹凸形，还覆盖薄膜可不污不损而一举成名，工厂

▶ 图 7

也由几十年的老石库门建筑搬进了市中心的生产大楼。1972年，上海纸袋印刷一厂（今上海塑料包装厂），根据市场需要，从专做纸袋改行试制磁性塑料文具盒获得成功后，扩大了生产，不仅满足国内需求，而且还远销世界50多个国家和地区。

改革开放以来，包装装潢工业进入了一个新的发展时期。1977年由上海人民印刷十六、十七、十八厂合并迁址新建的上海人民塑料印刷厂，成为以凹印为主，平凸结合的大型企业，能生产各种塑料包装袋、复合包装材料、纸塑挂历等包装装潢产品。1978年7月，上海包装装潢工业公司正式成立，这是行业历史上第一个实行专业化管理的公司。公司下属包装印刷厂14家，纸箱、纸盒厂18家，其他工厂6家。

上海的包装装潢印刷品从19世纪后期到20世纪中期，一般采用简易的包装纸、盒。1950年开始，随着生产发展和产品不断更新，包装装潢的印刷品，逐 渐成为美化商品、宣传商品的重要手段，受到各产品生产厂的重视。

包装纸印刷品早在古代就有，多系木刻手工拓印。近代的包装纸印刷品是随着机器生产而发展的。1920年以后，上海就出现了为工厂"产品配套的包装纸。如家庭工业社的无敌牌牙粉封袋，以及中国化学工业社、民生墨水厂、科发药房和万国化学厂等产品的包装纸。1930年以后，随着雕刻版和凹凸工艺的运用，出现了一批别具特色的商标图案。再加上印刷材料从单一纸张发展到印刷铝箔纸，使包装装潢产品更受到厂家的欢迎。如永成薄荷公司的弥陀佛商标，小而精致；白金龙香烟（图8）包装凹凸明显；还为各袜厂、手帕厂、化妆品厂产品的封口和口琴、热水瓶上的粘贴，以及啤酒牌子、香烟壳子等印制精细商标标签。

1940年以后，市场商品逐渐趋向洋化，包装装潢印刷纸也从过去单一薄纸、铝箔纸，发展为厚纸、卡片纸，有的还印在玻璃纸及马口铁上，如香烟、饼干听等。1950年以来， 随着产品门类和数量的增多，也带动了包装纸印刷品的发展，上海凹凸彩印厂为益民食品一厂印制的威化巧克

▶ 图8

力包装纸，在铝纸上印出彩色图案及文字。上海人民印刷一厂为各糖果厂印刷的卷筒包装纸，保证了各糖果厂不断改进生产工艺和更换花色品种的需求。

包装盒印刷品，是包装装潢印刷品中最主要的产品。上海凹凸彩印厂为黑龙江省一面坡酒厂印制的五加参酒盒，运用胶凸结合工艺，再加轧凹凸和烫电化铝，使产品达到光泽鲜艳，层次细致，凹凸饱满，烫金闪光。上海人民印刷八厂承印的中国特级安酒包装盒，在设计上体现独特的民族风格，在印刷上讲究直观效果，获得赞誉。1988 年，该产品获 15 届亚洲之星奖和法国巴黎"'88 世界之星"大奖。该厂为飞天牌贵州茅台酒设计的包装盒，在印金的底色上用烫金线条画出的"飞天"，既突出了商标牌名，又富有东方古老艺术的情趣，给人以陈年老窖的产品联想。在工艺上采用贴塑、大面积烫金、压痕折光、细瓦楞纸内衬及塑料泡沫底衬等先进工艺。

1957 年，上海凹凸彩印厂利用精湛的雕刻技术，印制了《苏加诺画册》封面凹凸版。"文革"时期，上海人民印刷十厂在 1968 年 2 月推出了凸型金色毛泽东像塑料语录封面，在《毛主席语录》封面上印制立体的毛泽东头像，并加上一层塑料薄膜，还把"毛主席语录"的字样改成凹凸金字，成为这个特殊时期的特殊设计产品。

1968 年底新颖的宣传印刷品——年历片在各装潢印刷厂相继出现。

如上海人民印刷十一厂根据中国粮油进出口公司来样印制的"大丰收"、"天安门"。这种精致小巧的年历片，用上装潢印刷待有的雕刻凹凸技术，颇受欢迎。后来各厂印刷的"民族娃娃"、"茶花"等年历片，曾一度风靡上海，持续了近十年之久。

反映中国产品设计最集中的另外一个典型例子，就是上海牌小轿车。上海轿车全名叫做上海 SH760 型轿车，开始于 1958 年，上海汽车装配厂受长春第一汽车制造厂试制东风牌轿车的影响，5 月份试制。底盘采用无大梁结构，用南京汽车厂的 M—20 型 4 缸 50 马力发动机。车身包括四门二盖，前后翼子板以及底盘中的许多零件，都依靠手工敲制，或在普通机床上加工而成。9 月 28 日制成，定名为"凤凰"牌。10 月的第二辆则改用南京汽车厂的跃进—230 型 70 马力发动机，后桥采用跃进—230 型的后桥加以改制，车身仍依靠手工敲制而成。于 1959 年 1 月试制成功，之后继续改进。1965 年，第一机械工业部的上海牌和东方红牌轿车技术鉴定会认为上海牌轿车启动顺利，加速有力，操作灵活，高速稳定，乘坐舒适，外型完整，主要零部件基本可靠，通过鉴定，并发给技术鉴定证书。技术鉴定后，该型轿车投入批量生产。

自从量产以来，造型一直没有改变，到 20 世纪 70 年代，用户对上海牌 SH760 型轿车陈旧的外形反响较多。1974 年决定对车身的头部及尾部进行局部改动，将发动机盖的前端和行李箱盖的拱形改为平盖形，又将"冠"形面饰改为横条形水箱栅，增大了前凤窗的视野面积，前后方向灯改成组合式，圆形大灯改为方形等。经改型后的上海牌轿车为 SH760A 型。到 1986 年再次改设计，换型为 SH760B 型，在 SH760A 型基础上，对转向系统、制动系统和电气系统进行了新设计和布置，并对发动机、车身部分及附件作了相应的改进。装 682Q 汽油发动机，使额定功率增至 100 马力，最大扭矩增至 17 公斤·米，总排量为 2.345，油耗为 13 升百公里，最高车速每小时为 132 公里。1991 年 11 月 25 日，最后 1 辆上海牌轿车驶下总装配生产线，至此共生产上海牌轿车 77041 辆。

从开始设计到下线前后四十年，7 万辆，也是一个很典型的计划经济型设计的例子了。

和中国中央计划经济比较，东德的情况其实也差不多。东德全名叫做德意志社会主义共和国（德文：Deutsche Demokratische Republik，简称 DDR。1949—1990 年），首都是柏林。东德是 1949 年 10 月 7 日成立的国家，苏军从头到尾一直驻扎在东德，直到冷战结束，东德和西德合并为止。虽然东德在很长一个时期持续给苏联支付战争赔款，但是东德是整个东欧集团国家中最富裕的国家，也是经济水平比较发达的国家。东德和其他社会主义国家一样也是执行中央计划经济政策，企业国营化，农业集体农庄化。因而在经济模式上和中国相同，设计上也就出现了许多类似的地方，比如款式长期不变，产品设计主要出于技术人员之手，缺乏现代设计教育和设计体系等等。

与中国不同的地方是东德人口持续下降，1950 年全国人口为 1800 万人，到 1990 年下降为 1600 万人，政府对必须用品、粮食采用补贴政策，因而长期以来物价都比较低廉、稳定。但是在经济发展上存在着和西德越来越大的差距，造成大批年轻人迁居到西德。1961 年，政府建立柏林墙，防止人民外流，柏林墙也就成为了冷战的标志。经历了几十年的对峙之后，东德在 1990 年 10 月 3 日和西德合并，成为现在统一的德意志联邦共和国。东德的中央计划经济体系是按照苏联的体系确定的，国家订立生产目标和价格，国家决定资源配置，设立国家经济计划，整个经济体是国有的。

在这个体制下，设计的情况和中国非常相似，我们从这次学术活动中东德专家提供的资料来看，似乎看见了我们当年的影子。

万物与人民

ALL THINGS AND PEOPLE

从共产国际到设计国际的中国之路

冯原

教授

早期革命的符号冲突

　　现代性在中国创造了两种符号表象，一种是循着海路进入到沿海的租界，表现为以上海和香港为中心的资产阶级的趣味和魅力（图1—图2）；另一种是革命的符号体系（图3），在国共决裂之后，便演化为两条道路。由蒋介石掌握的符号体系，大体终止于国统区的边缘。而在中国共产党人的手中，革命符号得到进一步强化和发展（图4—图6）最终在新中国演化成一种共产——民族化的独特模式（图7—图8）。

▶ 图1

图2

图3

图4

图5

图6

▶图7

▶图8

　　虽然符号生产是政治理念的一种反映，但是，同样是为了缔造一个现代中国，目标与模式的对抗却造成了完全相反两种敌对意识形态和剧烈的符号冲突，这种对抗使得政治的斗争完全转化成两种符号表象和物质体系的斗争。与资产阶级的体系相比，早期的革命符号体系强烈地宣称它有一个要消灭的敌人，并在精神上蔑视它们（图9）。与地主阶级和资产阶级共同遭到镇压的是与之相关的所有表征符号——象征地主的长衫马褂；代表资本家的西服革履；象征旧政权特色的女性旗袍（图10）……

　　革命的符号体系奉行禁欲主义，它是反精致和反贵族的，并处处透露出一种朴素的大同思想。它的政治质感是粗糙，然而，与粗陋的物质体系相成对照的是，它却拥有极为惊人的精神力量。

▶ 图9

▶ 图10

▶ 图 11

毛氏制服与工艺品中国

　　新中国的工业体系是由国防工业、重工业和轻工业所构成的梯级体系（图11—图16），民用工业落到了最次要的位置。在阶级斗争的意识形态中，娱乐（图13—图15）是鼓动士气的斗争武器，是宣传部门的掌 中宝（图12）。在这种情况下，非竞争的计划经济成为国民经济的主导模式。这种体制几乎从不会导致商品过剩，传统的政治经济学在批判资本主义时所宣称的那些经济危机根本不可能发生在这种社会之中。但是，计划经济的一个挥之不去的阴影却是物质短缺，它的社会形式是排队，它的组织形式是票证和特供商品，此外，它的设计形式则是装潢。设计师在计划经济时代的称谓是"美工"（美术工作者的简称）。

▶ 图12

▶ 图13

▶ 图14

图 15

要抓革命促生产，促工作，促战备，把各方面的工作做得更好。

图 16

　　然而事实上，新中国的国家形象也巧妙地裂变为两重：一方面，中国融入了国际共产主义阵营，红色的革命符号（图17、图18、图23）用于塑造人民的认同感；另一方面，传统的民族符号（图19）得到部分的保留，在精心的改造之后，以传统工艺为载体的器物（图20—图21）主要用于出口海外，以换取宝贵的外汇。这样，一个并不常见的工艺品中国，出现在一年两度的广交会上，与常见的以毛氏制服（图22）为表征的红色中国形象构成了某种对比。在封闭的计划经济体制中，开启了这个工艺品中国的输出，也造就出现代中国的丝绸之路。广州成为新中国经济的长安城，是胡人和夷人、或已胡化的海外华人唯一能够进入铁幕之内的市场终端。与短缺的人民中国形成对照的是，这个用于出口的"工艺品中国"受到精心的呵护，这是传统唯一可以生存的领域。

▶ 图17

▶ 图18

▷ 图19

▸ 图 20

▸ 图 21

▶ 图 22

▶ 图 23

▷ 图 24

控制"万物"的外观和品质，可以反过来用它控制使用它的人民，所以，除了用宣传去塑造人民的思想倾向（图24—图26）之外，还要用百货公司的货架来塑造人民的物质形态。50年代以后，城市中的百货公司便成了人民向往的物质庙会，计划经济体制全面而"细致"地划分人民的生理需求，并按配额计划来满足它们。社会主义的短缺型经济追求数量的冲动会使得它宁愿牺牲掉质量，而首当其冲的是——牺牲掉设计——在等级禁严的社会中，外观的多样化是多余的投入。有趣的是，即使在高度控制的年代中，时尚方面的竞争仍然以某种畸变的形式存在着，青年人在军帽、皮带上的攀比竞争显示了理想与人性的冲突。正是这种主流意识形态想要改造的时尚残余，为中国的改革开放埋下了人性的种子。

▶ 图 25

▶ 图 26

重新追赶世界：从"共产国际"到"设计国际"

　　革命禁欲时代的特点是营造一个墙内的世界，并全然与墙外的世界断绝掉联系。因此，这个封闭世界中的符号体系是自足的，等级分明，并不受干扰，也是非竞争的。随着铁幕的拆除，中国重新回到了"世界"面前，这个形象单纯得近乎可怜：蓝色的毛制服和绿军装（图27—图28）被西方观察家戏称为"蓝蚂蚁"。但是，只要国门打开了第一道缝隙，数十年间被压抑的人性便像火山一样爆发出难以想象的力量。中国以从未有过的速度从禁欲主义的围栏跳进消费主义的草原之中，现代设计，在各种舶来品上面，从丝袜、力士香皂和索尼盒式录音磁带上面，都显现出一股股蒙眬的诱惑力（图29）。

▶ 图27

▶ 图 28

▶ 图 29

▷ 图30   ▷ 图31

　　随后就是我们记忆犹新的现代设计之路——中国发生了人类史上最重
大的变化，而这种建立在物质层面上的变化又与设计观念的引进和发展密
切相关。简单地说，设计塑造了一个消费时代的中国形象，它与革命所塑
造的禁欲时代形成天壤之别。二十年以来，设计的进展几乎与共产主义符
号体系的消退完全同步。

　　在中国，取代革命符号体系的是大规模的设计"模仿秀"。正是随着
我们对国际世界的想象和模仿，我们又重新回到"国际"中来……百年以来，
装潢，美工，现代设计和设计师的演变（图30—图31），显示出现代中
国从"共产国际"到"设计国际"的发展之路……。

SIMPLIFIED ECO-CONSCIOUS DESIGN METHODOLOGY FOR DESIGNER

Design under the Ecological and
Environmental Concerns in Developing Regions [1]

Lam Yan Ta
Professor

1.Introduction

The "developing region" in this paper refers to that within Pearl River Delta (PRD) of the Guangdong Province of People's Republic of China (PRC). The region started to develop and became industrialized in the 80s, subsequent to the announcement of PRC's "Reform Policy" (1979). There are thousands of small and medium sized (SMEs) manufacturers[*2] producing primarily consumer products for export to overseas countries. There have been dated fashion of "Design and Make" processes in the last 20 years, and not until recently when the imposition of Eco legislations in many markets, designers and manufacturers have to alert themselves in Eco issues in design and manufacturing[*3] , and to take relevant actions. To many of them, "Eco-design" is a new area to get to understand in depth, to cope with the changing market requirements. There have been ways and methods of Eco-design proposed in the last 30 years, yet many have not been well manipulated in the "Design and Make" practices. This project thus tried to review existing Eco-design tools, in an attempt to reconsider the possibility of one or more quick and comprehensive tool systems for designers and manufacturers in the region(s). The experience may be extended to other similar situations in the field.

1.The discussion in this paper is based on the materials collated in author's research study "Eco-Design Methodologies for Designers (PolyU-5369/04H)" funded by The Hong Kong Polytechnic University, 2004.

2. The PRD has today become the world's major manufacturing base for consumer electronics.

3. The problem is compounded by the imposition of PRC's new environmental regulations to reduce pollution in late 2000s.

2. The Method

The method of study consisted of two different directions to probe the necessary information, all being related to design in responding to eco-relevance. The data from the different approaches were compared and related to check the potentiality of different method which could be more comprehensive for product designers in handling design for eco-sustainability.

2.1 The study of commonly applied "Life Cycle Analysis" (LCA) methods for Eco-design

There have been methods and tools developed by eco experts to keep track of and to assess the environmental impacts of "Design and Make" processes, primarily based on the understanding of inputs (energy, water and materials), and outputs (including wasted materials and emissions into air/water/soil)[1]. Such methods ranged from sophisticated full LCA (quantitative) that would involve expert teams and the application of software [*4], to less complex tools (qualitative) such as "Eco-indicators" [*5], "Material-Energy-Toxicity (M.E.T.)" matrix[*6] and checklists[*7] .

4. E.g. complex software such as "GaBi", "SimaPro", "TEAM"; and simple versions such as "Eco-Pilot", "EcoScan", "Eco-it".

5. E.g. "Eco-Indicator 99", which is a life-cycle impact assessment tool developed by PRe Consultants B.V. (http://www.pre.nl/eco-indicator99/eco-indicator_application.htm). It contains numeric information on environmental impact of products and processes. Though not yet fully developed for all regions and products, the method provides designers with data on environmental impacts which may be caused by the design. The tool is also more preferable for less complex products and systems.

6. A simple and quick qualitative method to get an overview of LCA. It would need to be supplemented with prior environmental knowledge.

7. Quick guidelines on checking eco related issues in design, development and make processes. Examples are the "Eco-Estimator" and "Fast Five Checklist" developed by Philips Electronics Eindhoven; "Ecodesign Checklist" by the Centre for Sustainable Design of UK; Checklist reflecting aspects imposed from the "EC Directive" on WEEE.

2.2 The study of local "Good Designs" that might have contributed to low environmental impact

Four areas of "Design and Make" (consumer electronics, home appliances, furniture, textile and clothing) were defined and identified. In each of the identified areas, good designs were analyzed in the following aspects:

• Problem definition

The designs were checked in accordance with the existing requirements as demanded by legislations and clients in major markets, as well as the market trend.

• Problem solving

The designs were checked if they had looked into the user-habits/behaviors and made possible "non-technical" recommendations at a strategic level. They were then compared to the approach to solve the environmental issues by the "M.E.T." matrix. The guidelines included the appropriateness in the choice of materials; make processes and methods to achieve minimal emission, maximal recycling and reuse, and the minimal disposal cost.

• Validation

Reason(s) for being successful (in sales, or in being recognized by such as award) [8]. The designs were also checked for environmental impact(s) by suitable methods (e.g. M.E.T. Matrix checklist, simplified LCA).

8. This was made possible through the information and help from the HK Innovation and Technology Commission (ITC), the local semi-governmental establishments such as The Federation of Hong Kong Industries (FHKI), The Hong Kong Productivity Council (HKPC), The Hong Kong Heritage Museum (HKHM - Design Collections), HK Business Environment Council (BEC), HK Trade Development Council (HKTDC), etc.

3. The Findings

3.1 The study suggested the following problems with the existing LCA methods.

3.11 In accordance to ISO 14040 series of standards, LCA process involves 4 stages:

- Definition of the goal and scope to lay down the aims and boundaries of the assessment.

- Inventory analysis to check inputs and outputs (materials/energy/ products/wastes/emissions) of every stage in the product life cycle.

- Environmental impact assessment and evaluation in both potential and actual effects.

- Interpretation for improvement in the "Design and Make" process.

3.12 LCA thus depends on databases availability and expert judgment. The databases are mostly regional and the expertise is not commonly available.

3.13 LCA is time consuming and expensive in the opinion of SMEs.

3.14 LCA results and recommendations are not often relevant to the design project in hand.

3.15 Manufacturers are concerned about the potential negative results on the LCA evaluation, which may suggest existing production be put to an end, and new eco-designed proposal may not promise profitability.

3.16 LCA is viewed by SMEs as tool that identifies problems but offers little solution.

To conclude, the existing LCA approach very often demands a sophisticated degree of teamwork involving experts from various departments in an organization. Most LCA tools are more suitable to and mostly adopted by bigger companies that can afford resources (staffing, time and money) incurred. For SMEs, a comprehensive and simplified version of method would help to reinforce the notion and thus demand in reducing the environmental impact in "Design and Make". Deriving from LCA, however, the "Life-cycle Design Strategies (LiDS)" design thinking approach does help [1]. On a project of "EcoReDesign Program: Good Design, Better Business, Cleaner World", Royal Melbourne Institute of Technology (RMIT) [9], focused on the "LiDS" thinking to develop tools for "EcoReDesign" [3]. This was supported by world-wide research teams who made further attempt to explain the importance of design for environment (DfE) in a comprehensive, accessible manner to engineers, and designers in form of a workbook of reference [4,5]. In an attempt to explore how LCA plays a part in "greener" product design and development, a joint study in The Hong Kong Polytechnic University (PolyU)[10] was conducted . The critical role of "LiDS" in environmental sustainability was made obvious through tangible case studies of four existing electronic and electrical appliances [6]. The relationship among design, make, market, business and ecology was demonstrated. This project is the first of its kind in Hong Kong and PRD region, in which the engineering and product design

9. On being funded by the "Commonwealth Government through Environment Australia" of Australia, 1997.

10. Conducted by the Department of Industrial and Systems Engineering, and School of Design, PolyU between 2006-2008, the project was funded by the "Innovation and Technology Funds (ITF)" of the Hong Kong Innovation and Technology Commission (ITC), HK SAR.

participants[*11] jointly involved in exploring with the LCA data retrieving process, the interpretation of the LCA results, thereby moving into the next phase of improving the designs through product "life-cycle thinking".

3.2 Initial study by the author indicated that product design practice such as those in Hong Kong typically adopts the "4-phase design process" [*12] to help clients to move up to a qualitatively higher level of design capacity: i.e. the strategic level. In every phase (see Foot-note 8), the conventional design attributes range from product appearance to construction and production. Marketing issues are often set in top priority in client's brief. Eco issues, however, are less considered by both parties (client and designer) only until quite recently. Such issues, also, are more restricted as a matter of discussion among engineers or other technical staff. In the research, however, there were a number of designs which achieved in eco-contribution and yet without going through proper LCA. Four local designs which have been publicly recognized[*13] in the area of consumer electronics were identified and quoted here:

Case 01: Domestic Microwave Leakage Detector, designed and produced in 1978. (see Appendix 1)

Case 02: Low-cost Radio, designed and produced in 2001. (see Appendix 2)

Case 03: "Photo Montage" (3D photo-album), designed and produced in 2003. (see Appendix 3)

Case 04: Responsive Digital Music Player, design exploration reported in 2004. (see Appendix 4)

11. The author participated in the study as one of the members investigating the topic area from the design perspective.

12. Familiarizing (collecting information) > Synthesizing (creating solutions) > Finalizing (optimizing design) > Verifying (refining design).

13. Publicly recognized: award-wining; being displayed in major design exhibitions/museum; success in market-acceptance.

Table 1

Hong Kong designs achieving eco-contribution and yet without going through proper LCA

Case	Item name	Major design considerations	Eco-consciousness in design brief	Sub-conscious contribution to Eco-sustainability
01	Domestic Microwave Leakage Detector	Cost-effectiveness; ergonomics; product appearance.	Nil	No battery (dry-cell) required; reduced amount in top grade plastic; recycled plastic parts; "snap-fit" assembly without screw – easy disassembly for "end-of-life" management.
02	Low-cost Radio	Cost-effectiveness; product appearance; manufacturing feasibility.	Nil	Reducing inputs (materials and energy) by introducing vacuum forming for major parts and components; fabric material instead of injection-molded plastic casing; easy assembly; light-weightiness in transportation; easy disassembly for "end-of-life" management.
03	"Photo Montage" (3D photo-album)	Minimal material application and therefore simplified production and delivery.	Yes	Minimalization of inputs (materials and energy) and optimization of output; easy in packaging and delivery; discarded empty bottles being encouraged (reuse of "waste").
04	Responsive Digital Music Player (A design exploration)	Challenge to existing function and form of a digital music device; new form of materials/make method; exploration in purchase and delivery for new consumerism.	Yes	Reducing inputs (materials and energy) by introducing laser-cut sheet material for construction; fabric material instead of injection-molded plastic casing; easy assembly; light-weightiness and reduced packing volume in transportation; easy disassembly for "end-of-life" management. End-user participation purchase and stock-control.

4. The Discussion

4.1 The four products being identified are in a group of distinctive designs, in which the final outcomes are eco-consciously designed products in the absence of LCA data support. Case 01 and Case 02 started from cost-effectiveness to "reduce", "reuse" and "recycle". Case 03 and 04 have put more emphasis on "rethink", which suggested a whole new set of product system, potentially leading to new consumerism. All ended up in pointing towards eco-effectiveness, with design team's knowledge accumulated on relevant materials/process and environmental impacts. Thus, while admitting the function, need and importance of LCA, we understand that many designers are already practicing on creating greener designs through ways which are close to the product "life-cycle design strategies (LiDS)" of Brezet [1] and Gertsakis [3]. Such designers are those who have "eco-concern", and knowingly or not, making the "Eco-conscious Design Considerations" (EDC) in a design process. (Figure: 01)

4.2 Being conscious about EDC is one aspect, and doing it right is another. The author trusts full LCA still plays an important role to generate data and knowledge, which should be made easily accessible to benefit the practice of EDC. In every phase ("Material Selection", "Make", "Distribution", "Use", "Post-use", and " 'End-of-life' Management"), EDC considers inputs and outputs in terms of environmental impacts, which may potentially take place in the product life-cycle. The 4Rs (Reduce, Reuse, Recycle, Rethink) are recommended in every phase as strategic guiding elements, in which "Rethink" would propose a new set of situation/scenario of design for consumerism, due to the change of life-style and technology.

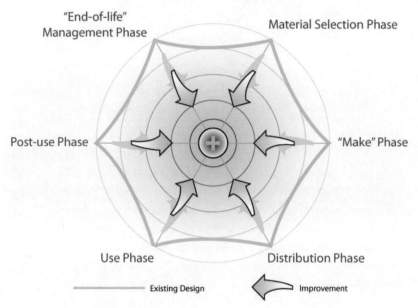

Wheel of Eco-conscious Design Considerations (EDC)
*Reduce, Reuse, Recycle, Rethink to lower
Environmental Impacts*

"End-of-life"
Management Phase

Material Selection Phase

Post-use Phase

"Make" Phase

Use Phase

Distribution Phase

———— Existing Design

Improvement

Figure 01: "Eco-conscious Design
Considerations - EDC" (inspired by the LiDS.)

4.3 Burall in his verdict of "Green Design", opined that although "green ethics – environmental issues raise both ethical and business questions… these do not necessarily conflict…" [2]. Analyzed case examples (Appendices 1-3) from the author did support the view. Further on, business elements if treated correct will encourage new form of greener (yet profitable) consumerism (e.g. the On-line purchase in Case 04, Appendix 4). The definition of "Good Design" has evolved into somewhat very different today since the Bauhaus period. Designs merely being "good" in the conventional sense are not enough and they have to be "civilized" in order for the human civilization to carry on. In any design process, conventional "good" design considerations will therefore have to be integrated with those for eco-conscious design, in a healthy business environment. (Figure: 02)

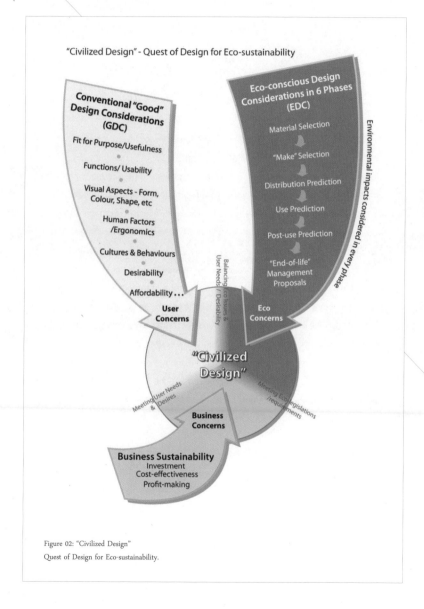

"Civilized Design" - Quest of Design for Eco-sustainability

Conventional "Good" Design Considerations (GDC)

Fit for Purpose/Usefulness

Functions/ Usability

Visual Aspects - Form, Colour, Shape, etc

Human Factors /Ergonomics

Cultures & Behaviours

Desirability

Affordability ...

User Concerns

Eco-conscious Design Considerations in 6 Phases (EDC)

Material Selection

"Make" Selection

Distribution Prediction

Use Prediction

Post-use Prediction

"End-of-life" Management Proposals

Eco Concerns

Environmental impacts considered in every phase

Balancing Eco Issues & User Needs / Desirability

"Civilized Design"

Meeting User Needs & Desires

Meeting Eco legislations /requirements

Business Concerns

Business Sustainability
Investment
Cost-effectiveness
Profit-making

Figure 02: "Civilized Design"
Quest of Design for Eco-sustainability.

5. Conclusions

When Papanek suggested "Design" for need, not greed, he expressed his
view in terms of "ecology and ethics in Design" [8]. In the consideration of
professional ethics in design participants, designers are held responsible
primarily for the environmental impact caused by their design(s) proposed
for production and use. As a matter of fact, at user level, their design works
would often induce trends and living styles, which may suggest different form
of preferences, and thereby diverse services and uses. Future designers will
contribute not only to greener products, but help to keep track of (and may
influence) user behaviors, for lesser environmental impact through "cleaner"
design (in ecological terms) and eventually "greener consumerism". On the
other hand, design education which nourishes design professionals has to
be held accountable for the issue. To educate designers who would be able
to deal with demand in eco-sustainability, the design educational program
curricular would need to be adjusted/revised in such a manner, that eco-
consciousness in any process of "Design and Make" is as natural as handling
form languages and other aspects of design.

6. Acknowledgement

Materials in this paper are partly from the research project "Eco-Design
Methodologies for Designers (PolyU 5369/04H)" funded by The Hong Kong
Polytechnic University, 2004; and partly from the project for the exhibition
(2006-2007): "Better Living: Product Design Contributes", funded and
facilitated by The Hong Kong Heritage Museum.

7. References

[1] Brezet, H. et. al. (1996) PROMISE Manual (Concept). Delft University of Technology, TME Institute and TNO Product Centre, The Netherlands.

[2] Burall, P. (1991). Green Design. Chapter 7, p.67. London: The Design Council.

[3] Gertsakis, T. et al. (1997) A Guide to EcoReDesign – Improving the Environmental Performance of Manufactured Products. Melvourne: Centre for Design at RMIT.

[4] IHOBE. (2000). A practical manual of ecodesign – procedure for implementation in 7 steps. Espanha: IHOBE/Gobierno Vasco.

[5] LEWIS, H. et. Al. (2001) Design + Environment – A Global Guide to Designing Greener Goods. Sheffield (UK): Greenleaf Publishing.

[6] ISE & SD (Department of Industrial and Systems Engineering & School of Design, The Hong Kong Polytechnic University). 2008. A Case Study Report of An Eco-Design and Manufacturing Program for Electronic Products with Reference to the Energy Using Product (EuP) Directive 2005/32/EC. Research funded by Innovation and Technology Commission (ITC) of the HK Government, Hong Kong SAR. Hong Kong: The HKPolyU.

[7] Mackenzie, D. (1991) Green Design: Design for the Environment. London: Laurence King.

[8] Papanek, V. (1995) The Green Imperative: Ecology and Ethics in Design and Architecture. London: Thames and Hudson.

[9] Umemori, Y., et al. (2001). Design for Upgradeable Products Considering Future Uncertainty. The Second International Symposium on Environmentally Conscious Design and Inverse Manufacturing, 2001.

Appendices

Appendix 1 (Case 01)

Domestic Microwave Leakage Detector

Source: Meyer Electronics Ltd., HK. Designed and produced in 1978

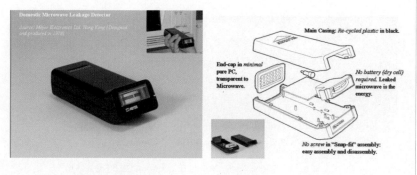

Main Casing: *Re-cycled plastic* in black.

End-cap in *minimal pure PC*, transparent to Microwave.

No battery (dry cell) required. Leaked microwave is the energy.

No screw in "Snap-fit" assembly: easy assembly and disassembly.

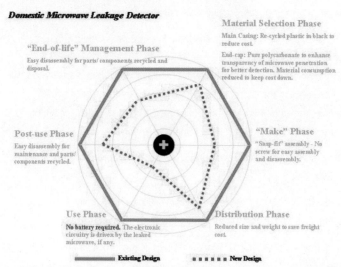

Domestic Microwave Leakage Detector

Material Selection Phase

Main Casing: Re-cycled plastic in black to reduce cost.

End-cap: Pure polycarbonate to enhance transparency of microwave penetration for better detection. Material consumption reduced to keep cost down.

"End-of-life" Management Phase

Easy disassembly for parts/ components recycled and disposal.

Post-use Phase

Easy disassembly for maintenance and parts/ components recycled.

"Make" Phase

"Snap-fit" assembly - No screw for easy assembly and disassembly.

Use Phase

No battery required. The electronic circuitry is driven by the leaked microwave, if any.

Distribution Phase

Reduced size and weight to save freight cost.

━━━━━━ **Existing Design**   ▪ ▪ ▪ ▪ ▪ ▪ **New Design**

Appendix 2 (Case 02)

Low-cost Radio

Source: Alan YIP, Hong Kong. Designed and produced in 2001

 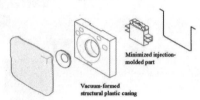

Low-cost Radio
Source: Alan YIP, Hong Kong.
(Designed and produced in 2001)

Changeable & washable
fabric mounting

Vacuum-formed
structural plastic casing

Minimized injection-
molded part

Low-cost Radio

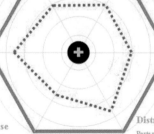

Material Selection Phase

Structural Casing: Vacuum formed plastic casing. Injection-molded plastic part kept to minimum.

Mounted fabric for cosmetic appearance.

"End-of-life" Management Phase

Easy disassembly for parts/ components recycled and disposal.

"Make" Phase

Vacuum-formed plastic casing reduced tooling investment and saved energy in parts forming.

Fabric materials costs less than plastic parts with colourings.

Post-use Phase

Easy disassembly for maintenance and parts/ components recycled.

Use Phase

Mounted fabric for easy cosmetic change and for washing. Longer life span of product.

Distribution Phase

Parts packed flat to reduce size in packaging and hence volume to save freight cost.

▬▬▬▬ **Existing Design**   ■ ■ ■ ■ ■ **New Design**

Appendix 3 (Case 03)

"Photo Montagr",simple clip structure for photos

Source: LEE Chi-wing, Hong Kong, (Designed and produced in 2003)

"Photo Montage"

"End-of-life" Management Phase
Easy disassembly for parts/ components recycling and disposal.

Material Selection Phase
Simple clip structure with steel wire and minimal rubbery plastic part.

Post-use Phase
Easy disassembly for maintenance and parts/ components recycled.

"Make" Phase
Simple tooling for wire-cut, and molding for plastic part.

Use Phase
DIY. Simple and flexible applications.

Distribution Phase
Parts packed flat to reduce size in packaging and hence volume to save freight cost.

▬▬▬▬ **Existing Similar Design**   ▪ ▪ ▪ ▪ ▪ **New Design**

Appendix 4 (Case 04)

Responsive Digital Music Player

Source: Benny LEONG, Hong Kong. (Designed 2004)

Design Exploration:
Responsive Digital Music Player

Source: Benny LEONG, Hong Kong.
(Designed 2004)

The Design is highly customizable and can be "co-created" with end-users by means of simple software through on-line purchase, which is eco- friendly. For the demand and supply of products will match to minimize the surplus of production or over-stock.

Responsive Digital Music Player

"End-of-life" Management Phase
Easy disassembly for parts/ components recycling and disposal.

Material Selection Phase
Sheet materials recovered from recycling for skeleton (chassis) construction. They could be card paper, plastic, or metal. Elastic fabric as skin for the chasis.

"Make" Phase
Die-cut sheet materials to reduced tooling investment and saved energy in parts forming.

Ease in assembly with fabric materials costs less than molded plastic parts.

On-line purchase reducing surplus of production or consumption.

Post-use Phase
Easy disassembly for maintenance and parts/ components recycled.

Use Phase
DIY system. User-controlled mounted fabric for easy cosmetic change and for washing.

Distribution Phase
Parts packed flat to reduce size in packaging and hence volume to save freight cost.

——— **Existing Similar Design**   ▪ ▪ ▪ ▪ ▪ **New Design**

注：作者希望以英文原文呈现

生产关系、设计机制、产业结构创新

RELATIONS OF PRODUCTION , DESIGN MECHANISM, INNOVATION OF INDUSTRY STRUCTURE

柳冠中
清华大学美术学院

古罗马的哲学家爱比克泰德说："人们并不被事物所扰乱，而是被他们对事物的看法所扰乱。"同一事物，由于观察者的立场、角度、层次等不同，或着眼的动机、过程、结果、观念、方法、技术、工具、影响等等不同，其结论完全不同。

▶图1

中国汉字是象形又会意的。"聽"（图1），不能仅用感官——耳朵去感知，还要用眼睛、用心去领会和理解一个概念。简化字的"听"，则更道出了对一个事物的理解、驾驭，不仅要听、要看、要想，还要消化后表达出来，也就是要在实践中检验是否真理解了。这是科学的本体论、认识论和方法论。

对待"设计"这个新概念，同样应该如此。不应道听途说、一知半解、人云亦云，也不能以旧有的知识结构来推测，更不应孤立地以字面上的表象断章取义，硬按一个时尚帽子来解释，这将会使我们步入歧途，给我们的事业带来不必要的损失。

1．工业设计与生产关系

概念是随着社会时代背景的变化而不断变化着的。对事物或概念要能有深入的理解，可以沿着两条轨迹进行：一是历史的轨迹，即"源"；二是抽象的轨迹，即"元"。

"工业设计"是西方工业革命的产物，是为解决工业化大生产，尤其是由于"分工"带来"生产关系"的革命，而发展起来的一门交叉性、综合性很强的"横向"学科。因为工业化社会的"生产力"解放，得益于"机械化"，可是"分工"这个生产关系的调整才保证了生产力的解放。如同中国的"改革开放"一样，这属于"生产关系"的调整，极大地解放了中国的生产力。工业革命初期，为了避免大批量制造出来的产品不致于不符合机械化生产、滞销、不好使用，所以在大批量制造前必须事先策划，横向谐调各工种之间的矛盾，以整合需求、制造、流通、使用各社会环节的限制和利益。在这个背景下，"设计"开始从制造和销售中分离出来。

德国不是"工业革命"的发祥地，但却是"工业设计"和"包豪斯"的发源地，这是基于产业革命的"大生产分工"经济基础上的"社会结构"这个"上层建筑"层次的产物。在"政府作为背景"的"德意志制造同盟"的建立标志了德国经济机制的"组织工业化"。

在全球"市场经济"的竞争中，德国的"德意志制造同盟"正确地理解了"工业化"内在系统的机制，所以德国的"工业化"一开始就不是狭隘的"行业"的概念，而是开放的、整合各行业的跨界联盟，具备了"社会经济结构产业化"的意义。这决定了他们的"制造业"在一开始的工业化进程中，就已在国家经济结构中和全球战略中形成了"产业链"的优势，并逐步全面完成了经济产业结构的"工业化"。

在德国国家体制宏观层面上，包括产业政策、科研与教育体制、文化领域、科技前沿、基础科学、标准化、专利、金融、法律、社会普及等等方面也已逐步形成在知识经济的信息社会层面上的"工业化"。"工业设计"早已融入德国社会结构中各个领域，而从未仅局限于一种"专业"、一种"技巧"，而是一种协调工业社会"大分工"所造成的行业、企业、工种、专业等隔阂的理念与方法，所以"工业设计"在德国一开始就不被局限于作为"生产力"，而是作为"生产关系"在发挥着"调整、催化、引导"的巨大作用，以及在整个社会的经济、科技、文化、教育层面上"整合与集成创新"的巨大推动力！

工业设计是为解决工业化大生产（特别是由于分工）带来生产关系的革命而发展起来的一门交叉性、综合性很强的横向学科。工业化社会的生产力解放，得益于机械化及大批量生产，但机械化和大批量若没有"大分工"是行不通的。"分工"这个生产方式保证了机械化优势的发挥，使"大批量"得以实现，正是"生产关系"的调整才保证了生产力的解放。工业革命初期，为了避免大批量制造出来的产品所带来的不符合机械化生产、滞销、不好使用等问题，在大批量制造前必须事先策划，横向谐调各工种之间的矛盾，以整合"需求、制造、流通、使用、回收"各社会环节的限制和利益。在这个背景下，设计开始从制造和销售中分离出来。因此，设计这个工业革命的新生事物从一开始就是为了解决小生产方式不适应大生产方式而被催生出来的一种"生产关系"，天生就是为了协调社会各工种、各专业、各利益集团的矛盾，以提高效率、促进经济发展、满足需求为目的，而自发产生的一种以横向的思维逻辑指导，用系统整合的方法，体现在创意、计划、流程、效果的统一上的工作方式。这才是工业设计（或称产业设计）的目的、本质，而不是俗称的"工业产品的设计"，也不是"技术的包装"，更不是"造型装饰美化"。由于这种设计方式的诞生是出于工业化这种统筹考虑系统整体利益的理论、方法、程序、技术和机制的活动，所以被称为"industrial design"。我国翻译成"工业设计"，也许翻译成"产业设计"更为合适。由于工业设计初期的工作对象主要是产品，这就极容易被狭义地解释为"工业产品的设计"；或由于工业革命以来，出现了大批新事物，其外观造型与手工业时代的工艺美术品大相径庭，因此被表面地认为是产品的外观造型美化，而淡化了对其本质的理解——"工业时代设计活动的理念、方法"。这种与社会习俗按工作对象分类完全不同的、非"纵向"的观念和方法，从它有生以来就是一种"横向"的协调矛盾，整合多学科、多专业隔阂的思想和方法。

因此，设计的本质是"重组知识结构、产业链，以整合资源，创新产业机制，引导人类社会健康、合理的、可持续生存发展的需求"。

在经济全球化进程的激烈竞争中，我国已步入"工业化"，并向"新型工业化"演进的关键时刻，要是不能掌握"工业设计"这个最具社会主义的"生产关系"和"方法论"，是不可能建成一个富强、繁荣、和谐和可持续发展的强国的，更难将"加工型制造大国"转变为"制造强国"，仅靠主观愿望而想跃为"设计创新型"大国不是实事求是的。

2. 产业链与设计创新

当前，工业设计正从设计"物"演进到创造"新物种"，再发展到谋划"服务系统设计"的新高度。因为"为人"设计产品的根本目的不是产品本身，而是产品提供给人"服务"的本质。因此，引导设计是解决"使用"，而不提倡"占有"的物欲满足，这极有利于节约资源、减少废弃物和污染。所以，代表"产品"升级换代、"产品结构"创新、"产业转型"和"产业结构调整"的工业设计理论，在科学发展观和构建可持续发展的和谐社会的催生下，"服务系统"的设计已进入当今的"产业结构创新"的集成、整合性的社会机制创新，即"生产方式与生活方式"创新的层次。

任何一项产品的"生命周期"都要经历"制造"、"流通"、"使用"、"销毁"这四个阶段，也就是它在制造阶段是"产品"，投放到市场流通是"商品"，消费者购回使用是"用品"，失去使用价值后要回收是"废品"。工业设计的设计过程就是对这四个阶段做全面考虑、做关系协调，在工厂制造阶段要好生产，在市场流通中要好销售，在消费者手中要适用且与环境协调、无害使用，在报废阶段要利于回收、不污染环境。这是工业设计的思想理念与其他设计重要差别之一，也是"工业"——"产业链"这个系统形成的目的、基本要素、结构和功能集成。

我国改革开放30多年来，已基本形成了各类行业业态。可以说：我国经济的"行业链已存在，供应链在孕育，产业链还欠完整"。

"产业"（industry）是生产物质产品的集合体，泛指一切生产物质产品和提供劳务活动的集合体。"产业"是为满足需求和发展的系统，是使该系统运行全过程的、上下游各企业的集成。

"产业化"即是需求、计划、研究、设计、生产、营销、服务的企业集合体的运营链模式与结构系统，以满足市场和社会可持续发展的进程。（图2）

但是，工业设计在我国仅作为一种新行业形态存在，还尚未在社会经济领域建构起一条完整的"产业链"。设计行业明显还在中国的工业或经济的"体外"循环，"加工型"的工业体系还不能将设计融入到国家经济运营或企业运营从头至尾的系统结构内，充其量设计还主要担当"涂胭脂、抹粉"、时有时无的角色，就像人们过节或参加庆典时需要换件礼服、戴朵花似的烘托气氛。

▶ 图2

我们是制造大国吗？其实还不能是个真正的制造大国，而是个加工型的制造大国。顾名思义，"制造"是在"制"的前提下的"造"，而我国大多数的企业的"制"——标准、流程、工艺、流水线，乃至模具，是引进的。我们的企业大多只是靠廉价劳动力、忽视环境污染和资源浪费的加工创造微薄的利润。而"造"则只需在已引进的设备、流水线、流程、工艺、加工符合引进的产品"标准"，至多在不改动花高价购置的流水线等前提下，更换外观模具，以符合国人的审美"口味"。所以多年来"设计"被国人，甚至学人误解为涂脂抹粉、穿衣戴帽的"造型"、"美化"！由于"加工型的制造业"的风险只是"订单"。有了大笔订单才有规模效应，所以企业最关注的是"广告"、推销，以致企业的"销售总监"的待遇远远高于其他职能人员。这种有"造"没"制"的工业，从企业的战略、技术的方向到设计的职责和设计的战略，都存在对"工业化"本质的认识问题。整个时代都是图快、图表面，而大家还沉浸在里边，觉得挺好、挺满足。中国的工业从一开始就有缺陷，热衷于"造船不如买船，买船不如租船"的逻辑。引进的确是"快"，但不能清醒地认识到"引进"只是手段，不是目的，就会忽视"消化"。"消化"是要重视"基础研究"、"用户研究"的，不能仅靠所谓的"市场调研"，实质是"过去式"的"商场"销售统计。设计创新不仅要靠"创意"的种子，还必须具有能筛选、培育种子的"土壤"——机制，以及还要阳光、空气、水分和辛勤耕作，这个过程则正是设计的职责。"包豪斯"的理念是在"德意志制造同盟"——"社会意义上的分工、协同"机制上结出的硕果。只有让"设计机制"融入我国的企业、产业和社会，我们才能完成我国自己的、可持续的社会工业化。

　　工业设计是产业价值链中最具增值潜力的环节之一，也是创意产业的重要组成部分。在全球现代经济体系中，工业设计产业的巨大价值深刻地影响经济、社会、文化的发展，成为展现一个国家现代文明程度、创新能力和科技水平的标志。

　　自解放后到改革开放，我国的工业基本是以"引进—仿造—改良—质量—产量—满足市场"的发展模式，建构了"加工制造型"的工业体系。绝大部分的企业都满足于引进设备技术，扩大产值、规模，靠价格战、广告战的短平快方法争得市场份额，近几年来又将空洞无效的"VI"变体，所谓的"品牌战略"祭起，然而却只忽悠"牌"，而忽视"品"的积淀。这种无意识或不建立以研究潜在需求，以此需求引导技术创新和产品创新，并用自己的观察、分析、研究、定位、开发的设计创新拉动的机制，忽视培养我国自己的集成整合型设计研发团队。而这正是我国要从"加工型制造型大国"向"制造型强国"乃至"创新型大国"转变的根本症结。

在这个意义上的设计成败已不是仅由传统意义的"技术驱动型"模式，以技术的高低来决定，而是靠对用户生活方式演进中的"潜在需求"的研究、导出"新概念"，以"需求"定义市场，而不是以"商场"定义生产。这就是"设计驱动型"的"需求创新"定位在先的开发模式。然后再组织原理、技术、工艺等的应用试验，再推进到"产品化"、"商品化"阶段。经过市场检验、评价后，确保这以"需求创新"引领的"市场创新"能以"差异化"的开发战略引导"技术创新"和"制造工艺创新"，这自然能产生出"高附加值"。这种以研究、设计为先导、桥梁、机制，以引导技术创新而得到市场份额的思路就是当今"工业设计"的思维方式和理念。

3．结语

现在"设计学"作为一个一级学科了，这意味着必须完善"设计学"的学科体系，不能分别依附于科学或依附于艺术。自己没有体系怎么可能说服人家？所以设计学科植根于一个教育部门或者科研部门，你必须要把设计学科落定。既然是个学科就要有完整的体系，不管我借用别人的元素，科学的也好，艺术的也好，我必须纳入我们自己成为一个人，这样我们吃鸡不变鸡，吃狗不变狗。我吃了科学我不能就是科学、吃了艺术不能就是变艺术，我必须吃了科学、吃了艺术变成设计学自身的不可拆分的目标、结构、关系，形成一个相对完整的系统。现在我们的设计学科还没有形成体系，基础理论不清楚，基础支撑学科不清楚，自己组成的系统不清楚，乍一看，全是其他学科的器官和胳膊、腿，甚至还没有设计学科自己的"头脑"。

工业设计需要一种社会化、循环性的"产业结构机制"，是能整合、集成极具潜力"新产业"的机制和平台。工业设计创新机制是经济建设中转变经济增长方式、提升企业创新能力和国家竞争力的必然选择。必须将设计活动范围从"概念（造型）设计"向前推到"原理研究"和"应用实验研究"，向后推到"产品化"——造型与材料、工艺、细节、制造流程的融合和"商品化"——商业营销模式。其工作过程可以表述为：原理研究——应用实验——细节设计——生产转化——成果推广，一个完整的、全程序的原创设计"链"。

如何进一步促进我国"工业设计产业链"的发展，更有效地组织相关创新主体？针对应用目标，整合知识，协同创新、集成创新，不但应是企业界、科技界关心的问题，也是设计界关心的问题，更应是政府部门关心的问题。它是提高我国自主创新能力、提高产业竞争力、建设"新型工业化"国家的一个重要环节。

政府或社会机构推进工业设计则应将"设计"作为健全"社会型产业流程链"的"纵向和横向谐调中介、综合性评价"的思路和方法，即"生产关系"的调整。

　　创造人类未来的生活方式的出路不仅在于发明新技术、新工具，而在于善用新技术，带来人类视野和能力维度的改变，调整我们观察世界的方式，提出新的观念、理论。

　　信息时代、知识经济下的"设计"将重点探索"物品、过程、服务"中的"方式创新"——谋"事"，其研究具有广泛性和纵深性两个维度上的意义。"设计"将更多以"整合性"、"集成性"的概念加以定义。它们也许会是"信息的结构性"、"知识的重组性"、"产业的服务性"、"社会的公正性"等等。

　　"设计"不再局限于一种特定的形态载体，而更侧重于整体系统运行过程中的结构创新；"设计"不再是"大师"个人天才的纪念碑或被"艺术"空洞化所炒作，而更侧重于设计的上下游研究和设计过程的方法把握；"设计"不再仅受制于"商业利益"，而更侧重于大众的利益和人类生存环境的和谐。

　　为此，设计业态也会在产业结构、社会职能以及相互关系中做出相应调整和变化。

　　20 世纪 90 年代，人们已开始将工业设计的实践与认识提高到"社会的机制创新"、生活方式设计、文化模式设计及系统设计层面，现在又致力于可持续发展的集合式社会系统整合设计——产业设计的高度上来了。中国目前所处的国内外经济社会态势和发展急需把工业设计作为中国新产业结构创新、可持续发展、构建和谐社会、创造我国自己的新型工业化产业链和新型工业文化的国策。

　　所以，建立"集成整合研究型"的设计机制和地区政府性"集成式设计产业链的服务平台"必将是未来设计创新的立足之本。现在发展工业设计正当其时。在建设创新型国家和资源节约型、环境友好型社会的大背景、大趋势下，在转变经济发展方式的关键时期，工业设计大有可为。

参考文献：

1. 柳冠中.《事理学论纲》中南大学出版社 2006 年。

2. 柳冠中.急需重新理解"工业设计"的"源""元"——由"产业链"引发的思考 [J].艺术百家 2009(1):99-108。

3. 柳冠中.原创设计与工业设计"产业链"创新 [J].美术学报,2009（1）: 6-8。

一个美好的未来悄悄来到

A BEAUTIFUL FUTURE IS
COMING SOUNDLESSLY

谈中国设计

李昊宇
副教授 / 设计师

人类发展在摆脱了只为住、吃、穿和战斗准备的基本器物时代后，进入了机械时代，使人兴奋地看到器物可以从批量生产的同时，更可以在指定的销售地点购买器物，也可以在网络上购买。没有任何一个历史阶段能够比得上今天，因为人类历史上使用过的一切器物在今天这个时代同时并存了。

　　我们可以清晰地看到在这些时代里面，人类一直从思想认知和审美情趣来改变着身边具有不同作用的器物，在解决生活问题的同时追求时尚的品位。当我们抱着怀旧和好奇的心态回看那些简单朴素的老器物时，不仅自问在不断创造新器物的过程中我们有没有丢失了些什么，这里面又有什么是珍贵的呢？

　　回看一百年前的欧洲，那段机械运作般规矩的时期：科技发明思想为先导和工业制造为基础的新人类生活开始了，传统手工艺却渐渐淡忘了。以欧美经济体系发展为主的人类，追求生活效率和剩余利润，人人标榜财富，以价值和效率论英雄。然而在这样的时代，在大批量生产器物的同时牺牲自然资源，尤其是由于新机械新发明应用使得合成材料的不断出现，不仅仅是自然材料被破坏，燃料能源也大量被消耗，可换来的这些新生器物又把人类的生活改变多少呢？也许器物变得更坚固吧，但是，是不是所有坚硬的器物都好用呢？

　　回看几百年前的中国，古人在利用单一的材料和简单的工具制造的器物，一样解决了当时生活当中遇到的问题。下面实例可以看清楚，在现代功能和审美的这方面评判可能是不及格，但是从对地球资源的保护和对材料的原始性能状态利用的角度看却绝对是满分。

现在，当我们看到一些前人留下的精巧的器物时，自然感叹前人的智慧。这种智慧在中国现在的生活当中依然被大量运用着，而且令人叫绝的是这些精美的器物是崭新的，出自现代人之手。因为它们的制作技术得到了后人的继承。在欧美国家，精巧的手工和单一材料结合的器物大部分已经成为一种历史象征；而在中国它们依然是普通廉价市场上的常客，从这一点看中国的这类器物是可以值得拿来说一说的。这里我用几件南方器物来举例。

草编扇子，手工编织、方便携带。根据南方特有热带植物叶子的形状，利用每个叶脉纵横交错编织方法作为扇子的骨骼结构。制造地，广东省江门市新会区会城镇。

如果从功能的角度看待扇子和空调，它们其实是一样的，但是从对于爱护大自然环境的角度看就不同了。空调的使用会受到环境的制约，而扇子就不会，人们在室外没有能源支持的情况下也可以使用。

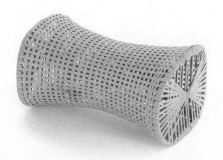

竹编枕头，利用了镂空的编织结构使得枕头既柔软有弹性，透气性能又好。非常适合中国南方的炎热天气。制造地——浙江省东阳市虎鹿镇。

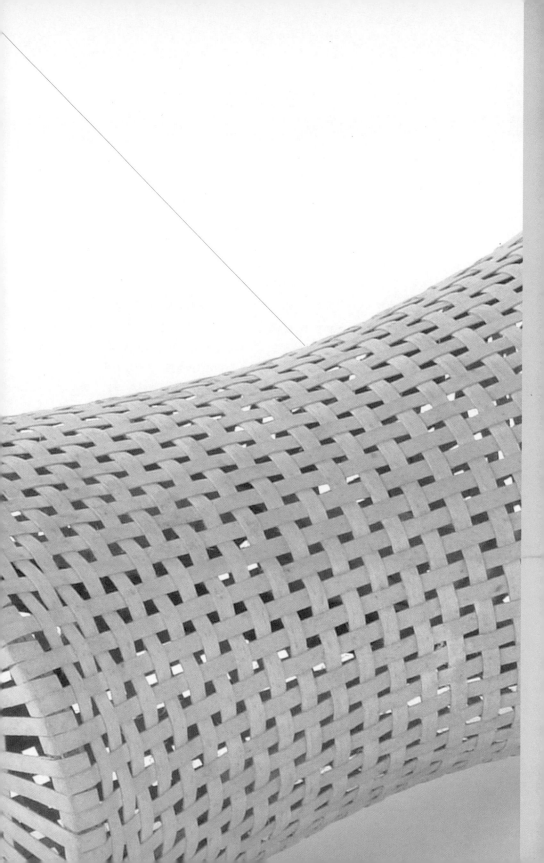

　　鱼篓是专用于捕鱼时随身携带的装鱼的篮子，可以完全把水过滤掉留下鱼。它上小下大，至篓颈处收紧形成篓肩，篓颈至篓口略呈喇叭状所以也称作鱼篮。大小尺寸不定，小的只装两三斤，大的可装十多斤。照片上的篮子价值5元钱购买于广东省潮州市。

　　以上介绍的这三种器物体现了竹编工艺的优点：有弹性，有过滤性，透气性能强，柔软易加工，通过巧妙的编织还可以组成新的面材和块材。

下面我要介绍人们利用天然的块材来解决生活中的问题。

竹刷，是采用砍下来的大竹竿削去枝叶和尾梢，切出其中的一段制成。对比现在工业制造下的用两种材料组合的刷子要更加朴素和实用，而且健康。通常用在与厨房或食物有关的地方。

　　盛酒器，是从我国古代流传到今天的一种计量工具，有趣的是它用竹子的粗细来计量酒的多少，它把我们通常只能在刻度上面读取容积信息的功能和沽酒的功能完美地结合了。

更有智慧的是下面这些用特殊植物所制作的工具，这在中国也是一种传统解决设计问题的方法，在中国的乡镇得到广泛的利用。这些灵感大多产生于生活中遇到困难的时候，在身边寻找可以利用的现成材料。那么，在生活中还有什么有趣的设计，这些设计又是怎样和人对话，它们是怎样展现人们的智慧的呢？我们还有实例可以说说：

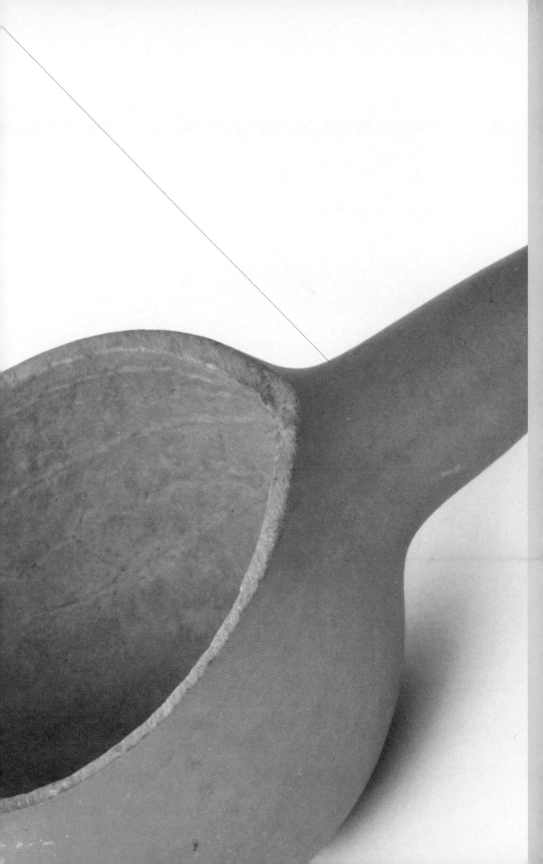

产品	形状规格	产品用途
扇子	基本型是椭圆形 有大中小三种规格 直径分别为 15 厘米、20 厘米、30 厘米	夏天可以代替电扇使用
枕头	基本型是长方体 一种标准规格 30 厘米 x15 厘米 x10 厘米	夏季用于睡觉和休息
鱼篓	基本型扁圆形 高度有 25 厘米和 35 厘米的	随身携带的装鱼的篮子
刷子	基本型圆柱形 长 25 厘米到 35 厘米不等 直径 5 厘米到 7 厘米不等	清洗厨房餐具的工具
盛酒器	基本型圆柱形 长 15 厘米到 35 厘米不等 直径 5 厘米到 7 厘米不等	计量米酒的量器

属性特征	加工情况	生活需求	市场价格 （人民币）
方便携带的家居用品	全手工 采用现成的植物材料	市场销售 在中小城镇可以买到	2-10 元
家居床上用品	全手工 采用竹篾的骨篾和篾皮斜 纹交叉编织 蔑宽约 0.5 厘米	市场销售 在大中小城镇可以买到有 些城市夏季可在超市买到	10-30 元
体积小 重量轻	全手工加工 采用加工后的竹皮编制	市场销售 在中小城镇可以买到 尤其适用于小型的养鱼基 地	5-30 元
属于劳动工具 体积小 重量轻	全手工加工 采用整段竹子材料	市场销售 在中小城镇可以买到 通常和厨具等同类产品在 一个柜台	5-25 元
属于厨房用具 体积小 重量轻	全手工加工 采用整段竹子材料	市场销售 在中小城镇可以买到 通常和厨具等同类产品在 一个柜台	5-25 元

　　旧时的点心盒，整个容器用一整段竹筒制成，每个部分都可拆卸。上部的圆环是横向截取竹子的一小段，它既是点心盒的提梁又是可以固定盒子的盖子，使得竹盒牢固密封良好，还有两颗小的装饰用来表示盒内的信息，表示是早餐还是晚餐之类。在插接提梁的部分完全用竹签来完成固定；用竹钉来固定提梁，这都是古代的插接固定技术，从这里可以看出，用同一种材料解决问题，也实现了材料的完整统一。

    木枕头，用一整块长方体木头雕刻而成。关节链接的部分没有切断过，不用黏贴。纯手工镂空雕刻，结构结实，这已令人佩服。两片雕刻成凹凸弯曲形的镂空木板像关节一样牢牢地锁在一起，支撑彼此，自然形成的高度和夹角使头枕上去会十分舒服，不占空间、方便携带和收纳。

    这些看似结构复杂、制作繁琐的手工工艺器物，其本身的市场价格是很低廉的，这样的市场现象，我认为在世界上大部分国家是罕见的。然而正是这些价格低廉的看似过时的产品，却依然被一些喜爱生态健康材料的人群所使用。在中国，不仅在家用产品，其他领域的很多器物都会使用天然的材料和巧妙的结构，甚至应用在建筑的构架上面。

除了这些利用原材料做开关结合的结构以外，我还发现了另一种结合的结构可能性。它是对单纯两个形状的应用，比如这个印泥盒的设计，两个椭圆形的交错形成紧密的关闭状态，重叠在一起就是打开状态。

开　　　　　　　　关

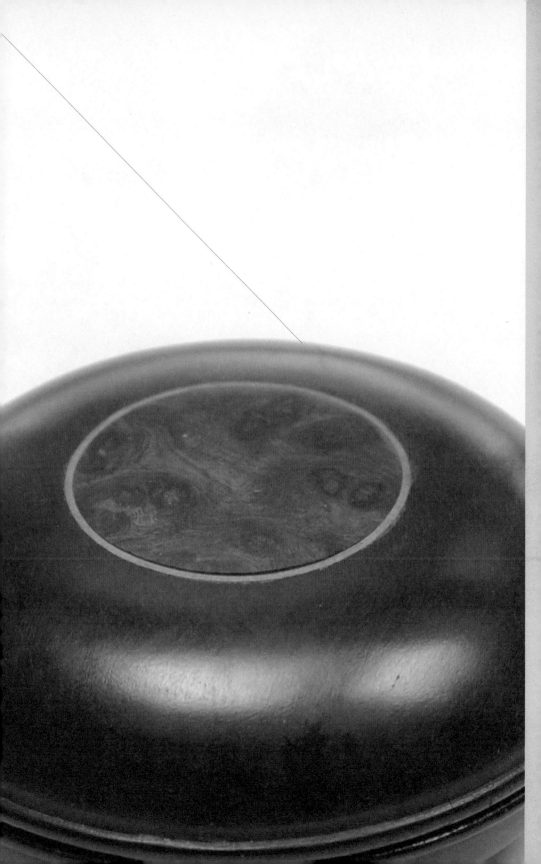

　　还有个实例可以说明人们的想象力，我们常在地摊看到的剪刀，图 19。人们把现成的塑料管拿来做剪刀的把手，起到了防滑和保护手的功能，看起来也是一种有效地利用现成材料的巧妙办法。

　　以功能为主导的产品在日常生活中扮演着重要的角色，从上面的这些器物能看到功能和材料两方面都很单纯，这些说明中国人有愿意沿用前人使用器物的习惯，还具有健康环保的意识，还在沿袭前辈朴素的生活态度，审美的最高境界是不是巧妙地实现功能上的满足……这些都值得我们去追问。对于设计师重要的是可以从自古到今中国人如何崇尚外环境，依赖周围环境，善于挖掘周围的事物从中得到启发，找到切入点。学习在那些强调手工制作技能的时代，不是把原始材料进行硬性改变而是在尊重它原始性能状态的基础上通过最少改造充分满足人类使用需求。如此可见前人已经在运用智慧的设计方法了。

　　总结我的发言：在人类不断发展的过程中，器物不断改变，作为设计师需要反思，如何来界定创新，因为我们看到创新并不只是发现过去没有的东西。回看我们自己身边的器物，可以在其中重新找回一些探索和获取新事物的方法。因此我们现在就投入对手工艺的再挖掘和充分认识原始材料性能作为创新的突破点，中国设计的一个美好未来将悄悄来到，同时也会别有洞天。

几何与设计
GEOMETRY AND DESIGN

奥立佛·尼维亚东斯基
Olive Niewiadomski
教授 / 设计师

前言

2008 年 11 月我以参与者以及客座讲师的身份参加中国广东省汕头大学长江艺术与设计学院主办的产品设计国际论坛。

因为我的研究领域在几何设计,除了身为此科的老师,我也是学习者,我经常是以几何的角度去观看我们这个造型的世界,我深信,几何学是一种能够超越藩篱联结彼此的学问。因此,接下来要给各位看的图片里也有一些是我在汕头停留的这段时间里所记录到的几何造型之例子。

几何与设计

在其 5000 多年的历史之中,几何学影响、启发了每个时代与文化的设计师,帮助了各式各样器物的发展。反之,创造几何形式制品的设计师,也进一步地将几何学发展下去。我们可以说,几乎没有任何制品不是透过对几何学的了解而发展设计出来。因此,几何学是让我们了解现有的事物之工具,当然它并不是唯一的工具。

对有些设计师而言,历久弥新的几何学是形式上的灵感来源。而另外一些设计则是对其现象感到兴趣,利用几何的逻辑作为解决问题的方法。不过对他们而言,几何都是一种工具、一种媒介,用来发展并实现对器物的构想。

此外,世界上几乎没有任何一个文化,其产物不是根植于几何的想法。包括有逻辑性的装饰纹路或是以几何为导向的器物设计,在建筑、雕刻或是设计中,处处可见到。

设计学的原型

几何的造型为设计的原始形式。当然它也非是唯一的造型创作之真理。有的时候我们很纯粹地使用几何原则，有的时候又不那么的纯粹。有时几何形式被隐藏在装饰图案以及装饰品里，有的时候则是明明白白地被展现出来。后者也为当今这个时代中，各种造型语言的特色。即使是纯粹的几何设计，依然是受制于时尚和品位。不过这项特点让它们能够只需要在自身之上下功夫。而且在这些形式范围之内做设计，对设计师而言，仍然是一项创造性的挑战，好比是一种智能上的操练。

经典的设计方法

从这些基本形式的质素，经过历史的洗礼，发展并炼造出今天我们在许多产品上见到的设计方法。通常是严格地遵循几何学原理的设计，有的则是精心构思和设计的干扰几何学原理。异化到什么样的程度，我们还能说它仍保有几何原则，这完全就是拿捏的问题了。我们称之为经典的设计方法有以下几种：

中央设计 —— 圆形

大家最熟悉的基本几何的造型，其中之一即为圆形。我们看到的圆形的东西，正合乎了我们圆形的视野（图1）。同心的数个圆圈之造型，我们形容其为集中的——这个概念我们会与集结这个字联想在一起。如果我们在水中投入一个石子，自然就会形成集中在一起的数个同心圆（图2）。圆形以及以中心点为重心的造型我们称之为中央设计。各种文明的圆形建筑以及庙

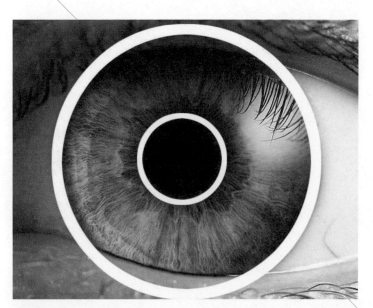

▶图 1

▶图 2

宇的平面图， 以及为数不少的符号与象征之中，其设计方法的基本元素即为圆形及圆形的特性，在现代建筑与结构工程建筑中，亦可见此类应用（图3—图8）。

纵向设计——方向

以一个主要方向或主轴为导向的设计，我们称之为纵向设计。其形态通常是朝主要方向不断反复出现的形状所形成的（图9）。

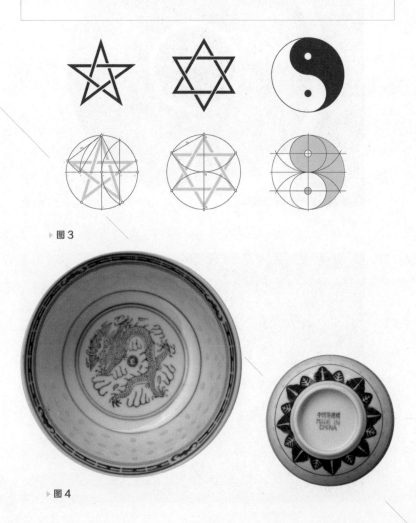

▶ 图3

▶ 图4

▶ 图5

▶ 图6

▶ 图7

▶ 图8

▶ 图9

多边形——正方形——正方形的设计

以直线画出的一个平面，带有不同的角，我们称之为多边形（图10）。正多边形以及其种种的应用方式在设计中受到特别的重视。最常见到的应该是正方形。它甚至有自己在设计方法上的术语：正方形设计（图11）。

现代马赛克

世界上的道路是由不同形状之石块与砖块铺成的。它们最初是作为装饰用，今天我们看到的，是由几何图形发展出来，将表面缜密连接在一起的地砖陈铺方式，我称之为现代马赛克。在此，我们应用一个统一的形式为单位，再把它们彼此连接组合成一个完整的平面。

尽管受限其功能性，在设计上的自由发挥，仍然是为了创造一个和谐的整体印象（图12）。

▶ 图 10

▷ 图 11

▷ 图 12

多面体

我们可以将正多面体及其衍生变化出来的形式称之为是一种立体马赛克（图13）。而马赛克镶嵌的逻辑在此是在空间中扩展开来。如果我们在建构时反复利用统一形式的单位，多面体在设计的领域里亦是一种基础的形式。应用此原理最有名的代表，就是我们玩的球（图14）。我们可以反复地应用同一块材料，将之设计成一个完整的造型。另外，如果我们把多面体的原则作异化的处理，也可以提供设计师创造出独特以及合乎时代之诠释的可能性（图15—图16）。

▷ 图13

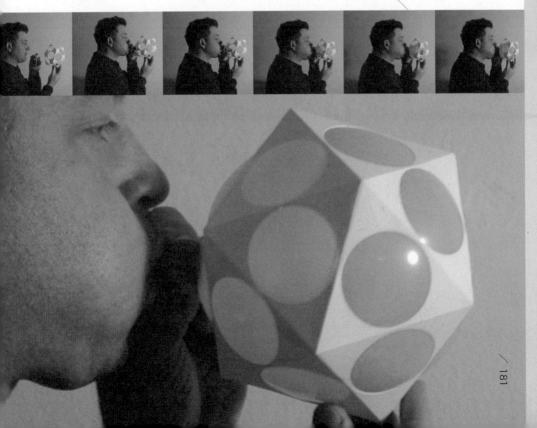

▶ 图 14

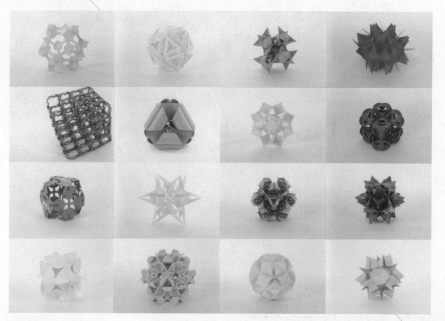

▶ 图 15

▶ 图 16

自由的形式

　　对于无法辨认出有依据几何原理的形式，即是属于所谓的自由造型，如在造船与造车这方面。虽然是从几何学来开发和探索，但这些方法在设计的时候扮演的角色并不重要。我感兴趣的是，是否不同文化中的设计师，其身份可以从自由形式的表现方式之不同而辨认出来。所以我给了不来梅跟汕头的学生同一个任务，利用几何作为辅助方法开发出自由的形式。其结果是，因为利用的方法相同的原因，造成某些相似之处，乍看让我很惊讶。不过在仔细端详后，我们可以看出设计师本身的性情所表现出来的特质。不过这些区别是没有科学佐证的（图 17—图 18）。

▶ 图 17

▶ 图 18

人类工效学

人是万物的尺度。无论是服装、工具、机器等，一切皆取决于人类与其身躯的尺度（图19）。我以为楼梯的结构是最具说服力的例子之一。楼梯的阶梯之建构是依照标准化的步伐而设计，让我们不管在往上或往下走的时候都不需要去思考下一步。全世界的楼梯都是如此（图20—图21）。

针对这个主题我也给了不来梅跟汕头的学生同一个任务。规划设计出一个尺寸上非常有限的多用途空间，像是浴室或单一房间的公寓（图22）。在此也是有一些类似以及一些非常不同的解决方案，所有这些都具有逻辑性和创造性。在这两个方面做更深入的研究会是有意义的。

设计交流——设计教学

基于这次以及其他的经验，我认为跨文化的设计发展是非常有趣的，特别是在学术交流活动之中。来自不同国家的学生和教师如果在一起解决问题的时候，会设计出什么样的东西？将两种文化理想地结合起来的物件。

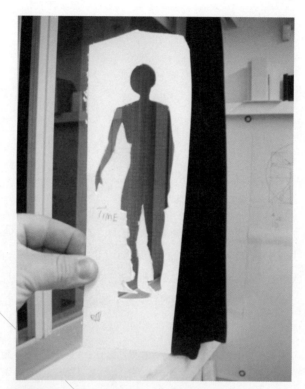

▶ 图 19

▶ 图 20

Chinesische Treppe, Stahl, Haoyu Li/China
Diplomarbeit im Fachbereich Kunst und Design
Betreuung Prof. Oliver Niewiadomski
Hergestellt in der Lloyd Werft Bremerhaven
und den Werkstätten der HfK Bremen
Hochschule für Künste Bremen 2/2006

ART
MUSIC
DESIGN
THEORY

▸ 图 21

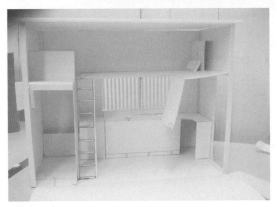

▸ 图 22

全球化的设计 —— 搜寻原创物件

旅行的时候，我一定会寻找属于当地文化的原创性的东西。我必须承认在全球化的世界产品设计的时代里，要找到看出当地文化渊源的产品是越来越不容易。我找的不是模仿古代样貌的产品，我对这类东西是敬而远之，更不用说收集了。我要找的是日常使用的最新产品，我是打算要使用它们的。有许多东西是经由一个民族特有的仪式才产生的。中国的茶道需要用到的几个物件，其用途对一位身为欧洲人的我是完全陌生的。一个现代与独具特色的造型，加上滤茶网的泡茶保温杯（图23），马上让我恍然大悟，就算已经变成另一种礼仪了。这两种方法有其可取之处，我觉得这款设计非常的独特，它隐约让我联想到竹子的造型但又非模仿竹子。

继承与创新

继承意味着，抱着尊敬的心情研究前几代的人留下的东西。每一时代的人。都必须面对此项任务，并且决定哪些要保留下来哪些不要。此外，他们有责任从中加以创新并且必须要能有自己的想法，继续发展这些东西。譬如，我对今天还看得到的防空洞之设施作了长时间的观察。年轻一代的建筑师与设计师肩负一项责任，就是将民用的、积极的功能加到那个可怕的时代所留下来的建筑上，并展现出其原创的想法以及创造性的解决方案。利用价格便宜的混凝土切割技术，可以让这些非常坚固的建筑改变，以符合新的使用目的（图24—图25）。

对我而言，中国的饭碗算是最有名的日用品（图4），其透明的图案是利用（几何原则）加入的米粒而形成。碗跟其配件汤匙都是经典之作，是我从小就熟悉的东西（就像我会用筷子吃饭，让邀我作客的中国朋友都非常讶异）。然而这些原型的现代版本会是什么样子？我找到不锈钢与塑料的两种版本（图27）。尽管品质低劣，它们是设计的使者，将其传统起源传递到今天（图26）。

还有就是用竹篾编织成的颈枕或是颈部滚筒枕（图28），其形状是如此的典雅和优美，几乎让人舍不得用，我们可以看到以当代生产方式做成的这类东西。当然不是繁复的制作方式，更没有这么完美的造型（虽然更加的几何），这件产品正是结合传统与现代的写照。自从我买了它以后，每天都有用。对这件物品，未来几代的设计师要如何继续诠释呢？

▷ 图23

▶ 图 24

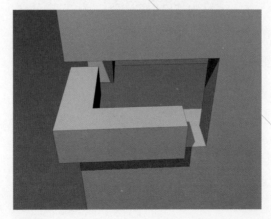

▶ 图 25

▷ 图 26

▷ 图 27

结语

　　每个时代以及文化的职责在于找寻自我的认同，并且一起发展出属于其原创的东西。而设计就是达成此目标的工具。

本文是发言文字经过修改、补充与删减的版本。

问答环节
QUESTION AND ANSWER

根据现场录音整理

　　我听到东德的历史，但没有亲身经历过，也没有机会去理解他们的设计状况。中国新中国成立以来的情况，刚才王院长做了简单的介绍，和东德有些类似。就是计划经济把自己的品牌搞垮了。但我们这里也可以看到和他们不同的地方，就是虽然东德当年的计划经济对产品设计的发展有一定伤害，但我今天也看到介绍的好多很好的产品，既有德国本身的性格也有它在现代设计发展下的延伸。我是非常欣赏的，也有专家要再次研究和保留的想法。中国有点不同，本来我们的传统很强，有很多精髓，而且我相信有人就有设计，所以我们的设计历史是很长的。只是现代化在欧洲开始时，我们是帝王时代，闭关锁国，直到列强进来才晓得自己没有现代化。我们马上学，却摒弃了很多传统的优秀的东西，加上战争，即使后来新中国成立了也没有很好地思考这个问题，没有把自己内在的东西发展成有个性的产品。当然，我们也像东德一样，本国市场没什么设计可言，功能好、耐用就行；而出口商品由专门的设计和包装公司去做，也没有深刻探讨外国的市场是如何竞争。所以有一点发展，却发展得不好。到了20世纪80年代后，快速发展现代化设计，引入很多新思想，也没有好好地、一步步地走。所以我觉得中国现在这个情况是该好好地思考历史的问题。不要光看我们现代发展得多么快，而应该回过头来，有一个好好的反思。

〔林衍堂〕

　　刚才王老师谈到的是中国很困难的时候，同学们知道的应该很少。那时我还是小孩子，在香港有国货公司，一般的香港人那时总会觉得在国货公司买东西，物美价廉。虽然是困难时期，在香港还是有很多好东西的，就是出口到香港或者东南亚去的。我们可以比较一下，那个时候中国那么困难，但还是有好东西，在东南亚、香港的华人都用。就是刚才王老师说，还是公私合营、国营的现象。我觉得中国有能力做出好的东西，主要是认真看待质量的问题，那时候出口到外国，质量就控制得很好，我们可以做到这一点。这里是想说几句话给我们的年轻人，他们不知道那时的情况，还是有一些好东西的。

　　我很认同刚才林衍堂教授的讲法。我在美国20多年，买的中国进出口的东西其实是最保险的。像我们现在喝红茶，就是一个铁罐包装，就写"中国红茶"，虽然包装不好，但绝对是好茶。而现在国内做的我都不敢喝，因为你不知道是什么东西，但出口的是有一个保障的。所以大家不要说我们在50年代到80年代没有好东西，其实有，而且是有保证的。

　　我记得我当时到香港去，到国货公司也是，虽然花样少，但是还是很放心。我们不要把那个时代想得一塌糊涂，就像刚才Günter说你不要讲东德设计就是社会主义集权政府，东西就是不好，其实不是那个意思。它是在消费主义经济里面选择比较少，款式比较少，这是肯定的，但是它质量不会差。像何老师年轻时候用很好的东西，当年的自行车骑三十年，现在的骑两年就破掉了，就是这个情况。所以不能说中央的计划经济对设计就一塌糊涂，也不能过分地说西方的就好，东方的就不好。我觉得今天中国和德国都提出这个问题，应该是值得我们好好去研究的。

【问题一】

之前 Günter Höhne 教授讲到德国的社会状况，从经济到设计。我想问：现在面临经济危机，它对德国的设计影响大吗？或者说德国会有什么反应？谢谢！

【Günter Höhne】

这是一个机遇。因为它必须开始去讨论，去重新面对我们的历史。我希望大家能够发现这是一个信号。我对政治家、政府不太感兴趣，不知道谁能最终提供解决问题的答案。我想经济危机对各国设计的专业人士来说都是一个信号，也就是说我们不再是往前展望了，而是回到学校去看，确定新的教学重点，新的教学未来发展方向。我想这也是我们汕头大学正在做的事情。这是我的希望所在。

【问题二】

我想问一下王老师，我们工业设计的学生所做的作品能不能拿去生产？

【王受之】

你这个问题是说学生的作品能不能生产化，我想现在肯定不行。因为汕头这个地方的企业比较少，这样就比较难。比方说在一些大城市如深圳、广州或是上海、杭州，他们的可能性就比我们大。我不是说完全没有可能性，但我认为是比较难。因为我们这里是属于加工工业为主。你们现在做的东西拿去生产估计是没有什么可能，但是我们不能因为可能性不大就不努力做，我们一定要努力去使它变得可能，但是需要走一段路。

我想问下 Niewiadomski 教授，越来越多的设计为人们解决了生活上的问题。也给人们带来一定的惰性，就是现在自己动手的人越来越少，健康问题也变得严峻起来。然后人与人之间的关系也越来越疏远。那我们如何平衡设计与社会问题和健康问题之间的矛盾呢？

没错，就是说很多设计的产品让人的生活变得容易，却让人自己变得懒惰，是不是这个意思？打个比方说，很多设计师有许多健身产品，但是否使用它们是由自己决定的。另一方面我想还有一个最大的威胁，就是在这个产品极其丰富，能满足各种需要的年代，人们对人与人之间的距离就不太重视了。还有就是健康的问题。比如孤独之类的，有人认为这是产品造成的，但我觉得这是自身个人化发展过程中的一个自我抉择。比如我现在是用跑步机还是到户外跑步，电梯和楼梯我选哪个好？这是我自己的决定。

【问题四】

刚刚提到了环保，提到了纸张。我们知道纸虽然可以再利用，但时间也是很长的。如果消耗过大，还是会造成环境污染。我想问一下林衍堂老师对这一点，您是怎么看的？谢谢！

〔林衍堂〕

谢谢这位同学，很好的问题。因为事实上很多科学家正在研究这个问题。用纸，其实我们要非常小心，不只是纸，用什么材料都要非常小心。考虑用材有个好处，就是要让我们在做这个决定以前整体地去看问题。有些时候我们用别的材料可能比用另一种材料更好。用纸的方法现在有很多，但我不是鼓励大家用纸，而是要小心。每一环节都要思考和比较。现在已经有很多数据出现了，设计师是可以拿已经有的资料去参考的，但如果我们现在开始有一个新的文化，就是用东西用的小心一点；设计师在设计的时候小心一点；企业界在生产东西的时候小心一点；每个人，每个环节都做出贡献的话，那么对环保事业，对这个地球环境的冲击就会小一点。我们设计师在设计的过程中要有新的东西，企业竞争又有新的东西，那么是不是要企业不生产东西，设计师不设计东西呢？不是这样子，而是我们必须在每个环节都小心地考虑问题。

【问题五】

在我们国家，好像是把人物都政治化了。所谓的伟人都是那些政治领袖，没有什么音乐家、艺术家等等。对于这种论点，您有什么样的看法？

〔冯原〕

我觉得这位同学观察得蛮仔细的。要知道，我们长期以来是一个以政治和政治人物为中心的社会，那么今天来说的话，我们用另外一个词就是"官本位"来说明这个现象，其实大家都能够很好的理解。但是，我依然要强调一点就是我们今天跟过去真的是发生了巨大的变化。除了"官本位"之外，我们的社会多元化了，我们拥有了很多的各种不同领域的自主性，跟过去相比，特别是跟20世纪70年代以前相比较，这个变化是巨大的。

现在，人们生态意识加强了，消费者都希望能买到环保的产品。但很多企业便利用消费者的这种心理，生产了许多伪环保的产品。我想问下德国的教授，您对这种做法怎么看？

{Oliver Niewiadomski}

　　我们刚才在讨论，就是什么样的产品才算是环保的？生产厂家又能否真正的生产这类产品？我觉得两者应该区别开来。在我们的学校也有很多关于如何创立出真的有利于环境保护和生态平衡的产品的研究，我们在德国的高校也有所争论。我不太确定你问的是一个问题还是你的一个论断，我要是说的不对，你可以来纠正。当时我们在讨论，就是说我们一定要制造出一个别的地方没有的产品，这个产品一定要有一个长久的使用寿命，而且不会和那些短期寿命的产品形成竞争。这就要求生产出的产品一定是优质的。我觉得如果有这种优质的环保产品，是非常好的。我再补充一点，就是觉得在艺术院校里面，这些活动应该叫做设计研究或者产品研究。因为在学校里大家可以学习怎样去设计一种产品，但是这种产品不一定要找到那种妥协的空间，也不要有太多的限制。在设计的时候一定要注重质量，并给学生一定的创造空间。只有在这样没有限制的情况下，学生才能够设计出本色的产品和有风格的产品。

【问题七】

　　老师好！我们都有过国家计划经济的年代。很多人批判当时没有设计，但对那时的产品和品牌却有很深的印象。我想问它给你留下的只是一种对那个年代的感情还是当时确实是有设计存在的？它对今天的设计又产生了怎样的影响？我们从中又能吸取到什么？

【冯原】

　　这个同学的问题问得非常好！也是我在这个讲座所要谈到的问题。我想任何一种简单的批评那个时代没有设计的说法都是值得怀疑的。尤其是我最后那个图片告诉我们：它已经变成一种历史符号，成为今天的艺术创作或者设计的源泉。在某种意义上，它是设计上的一个遗产。但是我们还是要看清楚这么一个问题，就是我们不能简单地把过去的记忆美好化。而我们的记忆有个特征，是容易美好化的。我们不要说物质产品，就说歌声吧！很多中年人怀念样板戏，我曾经写过对样板戏的很长篇的分析文章，我认为他们的青春期被样板戏绑架了。他们喜欢样板戏，那样板戏就真的好吗？我不认为它好，因为我不愿意在一个被支配的年代里只能听它而不能听别的，这是一个非常重要的问题。今天你们有选择权，可以听这个，也可以听那个，但是过去没有啊，你只能干这而不能干那。我们的物质产品和你的回忆是建立了联系的，要知道我们不能美化过去。这是我作为一个过来人的切身体会。

　　老师，您好！产品本身可能有地域性的特征，不同的人或不同地域的人对功能的需求是不一样的，所以会做一些调整。那您在面对这种情况的时候，是怎么应对的？谢谢！

　　就像我刚才说的，我们的首要任务是在传统的基础上找到我们自己的特色。就算是在某一地方产生了世界级的产品，我也不认为它就是全世界统一的。一般来说，一个产品的质量肯定是地区的质量，它也肯定有这个地区的特性，但未必就是全民族的。我可以把这个作为我的使命，但每一位设计师在设计的时候就应该决定自己的产品有什么样的特性。

　　林老师，您好！改革开放后，市场、消费被引入中国。推动了发展，但也让我们养成了"用毕即抛"的习惯。现在金融危机，我们如何在设计里面协调好经济的发展与环保之间的矛盾呢？

　　改革开放基本上是没有问题的，这是整个世界的趋势。如果要问，就该向地球上所有的国家发问。我只能说现在每个国家，每个这方面的人也都在重新地探讨一个新的定位。刚才你提及的金融危机，不单单是对设计师，也是对我们整个经济环境的影响。我们所有人都该去思考这个新定位。这是一个很好的机会让大家去讨论这个问题。我不能说我现在有答案，老实说我也在思考，和大家一块探讨。

论坛总结

SAMMARY OF THE FORUM

陈碧如
副教授

这两天，我们非常荣幸能有机会听到各位讲者的发言。看了他们带来的丰富资料，听了他们的一些想法，倒引起我很多的回忆。

小时候看过一篇文章，香港的一个作家在报纸上的专栏中写的一篇很短的文章，具体内容已经很模糊了，题目却记得很清楚，她说"存心欣赏"。大概是说，我们拥有很多东西，天天见，习惯了它的存在，就不懂得珍惜它、欣赏它，不知道它的好。那时候那篇文章对我的启发很大，我开始看身边的东西，用心去看。那怎么用心去看呢？我们不光去看它的形，也不光光看它的颜色，或者它是否看上去高贵，而是看它后面的很多想法，和所体现的精神。其实，我们对身边很多产品也一样的习惯了它的存在，没有真正的欣赏。

各位专家给我们看了很多过去的产品、它们背后的故事和隐藏在产品里的时代精神。比如说 Günter Höhne 教授给我们介绍东德时代的产品，很可惜东、西德统一后，大量东德产品被弃置，就像象征一个时代，一个阶段的终结；还有何人可教授对那时候的设计师和他们的作品探索的分享。他们把东方的影响带过去，并融合了他们的文化，发展出一些很有自己特色的产品。我觉得很惊讶的同时，也反省为什么今天才发现这些宝贝。林衍堂教授给我们介绍未来可以有一个怎样的发展，我们要从科学、科研里面去学习保护环境的意义。还有刚刚 Oliver Niewiadomski 教授的如何从几何图形在设计中成型和它的发展。最后还有冯原教授给我们介绍了过去的时代精神是怎么体现在产品设计中，革命符号在设计中的演变。

各位专家给我们提供了从各方面对产品设计的探索，让我们可以从各方面很用心地去欣赏过去的产品、设计和它们体现出的时代精神，容许我们窥探未来。

在这里我非常感谢各位专家为我们带来那么有启发性的发言和丰富珍贵的材料。我希望"继承与创新设计论坛"也能够一直继续下去，没有尽头地走下去。谢谢大家！

学生感想

THOUGHTS OF STUDENTS

陈列在美术馆里的一件件 20 世纪的产品，虽然无言，却是一种烙印。毕玉珊
自己是"80 后"，尽管比那个年代晚了二十多年，但仍不时地记起年幼时
坐在永久自行车的大梁上——那迎面的阳光、微风、泥土的芬芳，还有父
亲那坚实的臂膀。

曹正 对过去与未来的分析，理出了继承与创新的关系。没有继承便是无源
之水，而没有创新便是一潭死水。然而继承不是照搬照抄，而是加以合理
的取舍；创新也不是离开传统另搞一套，而是对原有事物的合理部分发扬
光大。

这是一次承前启后的，恰当时候的总结与展望。50 至 80 年代的记忆常馨鑫
已渐渐沉淀，创新的思维与设计正在崛起。也许是"润物细无声"般的细腻，
也许是"忽如一夜春风来"般的猛烈！

李煜铨 这些实用的产品在年轻人看来似乎成了"老土"的代表，但这些"老
土"的东西却是一个时代的印记。作为计划经济体制底下形成的这些产品，
虽然在革新方面远远落后于现代西方主流社会，但贯穿其中的，作为产品
最基本的质朴和实用的秉持，对于盲目追"新"和快速消费的当代社会来说，
无疑是当头一棒。

郑琼珊

听了王老师的发言，才注意到人民币也是一个设计。可能是因为我们一直在用它，所以从来没有考虑它是否好看。其实设计就在我们周围，要提高每个人的审美水平，就得从我们每个人都会接触到的普通物品着手。任何的事物都有它本身的特性，如果每个事物我们都以自己的观点来评判一下，什么是好的，什么是差的，那我们的审美就会慢慢地提高。

张羽

华夏民族造物，讲求美与善的统一，和谐的形式从来不脱离实用而存在，甚至繁文缛节的祭器也不例外。再看有百年现代设计传统的德国，设计师强调设计的社会功能，主张设计要为人民服务，提供良好的功能——我偷偷地想，其实两者私下里大概是一回事吧，只是适用主体的侧重点不同而已！

邓文嘛

看这些日常生活用品的设计，首先感觉到的是坚实与朴素。它们的造型与装饰，都直接地反映了那个时代的气质，那是一个为着理想而奋斗的年代，虽然那理想在今天看来是值得反思的，但当时的人们的这种纯粹的生活，却是人类弥足珍贵的。相比于当今我们所处的时代，什么是人类的价值已经众说纷纭，我们变得迷失，这种精神状况也反映到设计中来，充满了嬉戏与浮躁的味道。

鞠枫玲　　　在美术馆同期展出的"熟悉而久远的记忆"——中国产品设计展上，这些对于我来说相对久远的东西并非是完全陌生的：我记得有一个双箭牌理发剪刀，小的时候妈妈也有一把，家里不管是男的女的、老的小的，所有人的头发都是我妈妈来理，而我总是很恐惧那把剪刀，因为每次妈妈都会为了不用经常给我理发，而把我的头发剪得很短，活像个男孩子。

设计真的是个神奇的东西，通过一个收音机，一个茶杯，我似乎能够看到当时人们的生活，那与曾经的我们是如此相似。这是一个社会主义国家如何与现代设计接轨，如何发展他们的设计，如何尊重和研究这段历史的活生生的案例，对我们来说是最宝贵的经验。我深刻地感到，寻找中国精神，我们需要更开阔、更理性、也更全面的视角。　　　田刘一杭

后记总结
POSTSCRIPT

庄葳、叶绮紫

论坛统筹 \ 协力

由德国外交部和广东省人民政府主办，歌德学院与汕头大学长江艺术与设计学院协办的"德中同行——走进广东'继承与创新'产品设计论坛"于 11 月 24 日下午 2 点在汕头大学学术交流中心盛大开幕。活动全程于汕头大学长江艺术与设计学院演讲厅现场直播，约计超过三百人共同见证了本次盛大活动。

　　"德中同行"是一个历时三年的德中友好合作活动。活动旨在增进德中双方的相互理解与信任，为长期成功合作奠定基础，开拓德中合作新领域。协办方之一的汕头大学长江艺术与设计学院于 2003 年经崭新改革及重组后，新教学宗旨立意打破传统设计教育只注重技巧而缺乏思考创造性的授艺模式框锁，注重人性接触从而启发个人创意思维的理念。借着这次德中同行的浪潮，本次论坛荣幸邀请了德中两地相关领域的专家学者、设计师，以 20 世纪 50 至 80 年代间德国和中国的产品设计为出发点，讨论在产品设计领域中设计受社会主义因素影响的程度以及自建国以来中国产品设计的发展状况，寄望能吸取其他国家的先进经验从而为刚起步的中国产品设计界带来新的活力。

　　为期两天的论坛从开幕的第一天起便座无虚席，第一场论坛由长江艺术与设计学院副院长王受之教授全程主持，开场首先由本次活动的项目策划人李昊宇老师综述了论坛的背景及意义，接着由来自德国波茨坦设计学院的 Günter Höhne 先生发表了题为"德国 DDR 时期的工业设计"的演说。Höhne 先生在德国从事文化研究及评论多年，其资深的经验和丰富的收藏，无论从言语中还是视觉上，都充分地让在场观众感受到德国 DDR 时期丰富的产品设计，及其设计背后所隐藏的深刻文化内涵和社会现实。连对外国设计研究多年的王受之教授都为之惊叹:"感谢 Höhne 先生为我们展示的 DDR 设计,至此我才真正认识到这段鲜为人知且极有可能面临消逝的重要历史。"湖南大学设计艺术学院何人可院长则发表了"德国现代设计探源——从达姆施塔特艺术家村谈起"并和大家分享了关于该段特殊历史时期下德国艺术家创作的艺术品和设计作品,通过亲身实地拍摄的大量图片,何老师为众多的在场嘉宾与同学提供了一个探索德国现代设计的新感知途径。

第三位发言的嘉宾王受之教授对中国产品设计更是感触良多。那些白底红花的杯子,那些"笨重"的凤凰牌自行车,还有竹编的枕头等,太多的五六十年代的产品不仅承载着那一代人许许多多的回忆,更可谓是我国趋于稳定发展后中国产品设计的一个开端,为此他作了题为"中国产品设计的萌动"的演讲。期间,王受之教授还风趣地告诉众人他要"以新换旧",号召大家把家里陈旧的产品拿来与他交易。

比起论坛第一场对过往的继承与关注,25 日论坛第二场更多的将切入点集中在当下,来自香港理工大学设计学院的林衍堂教授更关注产品设计未来发展的环保性。他在题为"中国设计的发展和未来:关注生态平衡意识的角色"的演讲中指出"好的设计"除了满足人们日常生活中的各种需要,还会带动起新的使用潮流,而作为优秀产品缔造者的中国设计师们则需肩负起平衡产品设计对生态平衡和生活环境可持续发展的重任,通过对环境和产品的不断评估,改进设计,优化设计,以带动起好的使用趋向从而对社会以至于人类文化的发展进程作出贡献。而在中山大学艺术设计学系主任冯原先生的"万物与人民——从共产国际到设计国际的中国之路"的演讲中，我们看到了一个中国现代设计之路的蜕变。从最初的两种革命符号表象体系到具有鲜明中国开放后特色的"共产国际"，再到引进外国设计观念所形成的取代革命符号体系的大规模设计"模仿秀"。论坛收关的演讲嘉宾是从德国不来梅远道而来的 Oliver Niewiadomski 教授，他的发言简短生动，"继承与创新——几何与设计"的讲演让在座的嘉宾、老师和同学都印象深刻。Niewiadomski 教授从简单的几何图形开始，从视觉上导入几何在设计应用中的发展历史；接着他介绍了从事产品设计教育以来教授的各国学生的作品，从比较中让在场的观众感受到几何知识与文化结构对产品设计的影响，进而思考如何去继承与创新。

虽然此次论坛为期只有短短的两天，但是在各位专家的演讲、讨论及与学生的问答交流中，我们可以感受到过去五六十年代的"设计师"给我们带来的有形及无形的资产，这样不但对我国五六十年代的工业产品设计史及设计道路给予肯定的态度，更使得我们新一代的设计师建立自信，从而更好地去进行产品设计的创作并不断发展延续下去，开拓一片属于中国工业产品设计的领域。而论坛本身作为一种知识的媒介，我们更加希望能够为中国工业产品设计的延展做一个文献的收集积累，并为汕头大学长江艺术与设计学院的产品设计专业建立一个稳固宽广的学术平台。

作者
AUTHOR

Günter Höhne

　　自由撰稿人，文学和艺术评论家，现任职于德国波茨坦设计学院。他是 1995 年起发行的国际设计理论杂志《造型讨论》的创建人之一，曾为多家媒体撰稿，如：科隆的德国电台、柏林的德国广播电台，柏林的《柏林明镜报》、《柏林日报》，汉堡的《设计报导》，法兰克福的《造型》、《地平线》，科隆的《促进》和柏林的《经济与市场》等。

何人可

　　自由撰稿人，文学和艺术评论家，现任职于德国波茨坦设计学院。他是 1995 年起发行的国际设计理论杂志《造型讨论》的创建人之一，曾为多家媒体撰稿，如：科隆的德国电台、柏林的德国广播电台，柏林的《柏林明镜报》、《柏林日报》，汉堡的《设计报导》，法兰克福的《造型》、《地平线》，科隆的《促进》和柏林的《经济与市场》等。

王受之

　　汕头大学长江艺术与设计学院院长，美国洛杉矶帕萨迪纳"艺术中心设计学院"理论系教授。研究建筑、工业产品、平面、时装、汽车、城市规划、插图、现代和当代艺术、娱乐等方面的史论。

林衍堂

　　现职为香港理工大学设计学院教授，是英国特许设计师学会资深会员 (FCSD)、香港设计师协会资深会员 (FHKDA) 及欧洲设计局会员 (BEDA)。林衍堂活跃于推动香港和中国的设计，先后受邀于中国多所大学担任客座教授，如广东工业大学、大连理工学院等。

作者
AUTHOR

现为中山大学传播与设计学院艺术设计学系主任、副教授、硕士生导 **冯原**
师。2000年以来，主要从事以建筑、城市、当代艺术为主题的文化研究、
艺术批评和观念艺术的创作活动。在从事教学、理论研究的同时，也广泛
参与景观设计和公共艺术创作等社会实践活动。现任广州亚运会视觉顾问，
广东省参加上海世博会执行顾问，《城市中国》杂志首席主笔。

Oliver Niewiadomski

现任教于不来梅艺术学院，结构几何学教授，重点研究工业设计基础
学，工业设计的几何学应用。任德国几何结构学会常务理事；工业设计师，
建筑结构和工业设计师；建筑结构设计师。

毕业于德国不来梅艺术学院综合设计系人与产品专业，同时获得理工 **李昊宇**
硕士学位和设计师称号。现为汕头大学长江艺术与设计学院副教授，研究
生导师。2006年以来，主要从事产品设计的教学和研究，担任学院产品设
计研究室负责人，自2011年起，负责汕头市多项市政项目的设计和设计
顾问工作。

德中同行
——走进广东

　　"德中同行"是一个历时三年的德中友好合作活动。活动旨在增进德中双方的相互理解与信任，为长期成功合作奠定基础；开拓德中合作新领域；塑造和维护一个积极的、富于创新的、面向未来的德国形象。

　　德国总统霍斯特·克勒与中国国家主席胡锦涛共同担任"德中同行"活动的监督者。德国总理安格拉·默克尔于 2007 年 8 月 28 日在南京为"德中同行"活动揭幕，整个活动将先后涉足中国六大城市，并于 2010 年中国上海世博会期间落下帷幕。

　　"德中同行"活动主办方是德国外交部、德国经济亚太委员会(APA)、歌德学院和"德国——灵感与创新"协会。德国联邦各部、州、市、企业和机构也广泛参与到活动中来。中方伙伴包括中国外交部及活动各站的省、市政府。

汕头大学
长江艺术与设计学院

汕头大学长江艺术与设计学院成立于 2004 年，由原艺术学院和长江设计学院合并、改革及重组而成。长江艺术与设计学院是汕头大学现有十个学院之一，承担学校艺术类学生的培养工作。在国际著名设计师、前院长靳埭强教授及新任院长王受之教授的领导下，学院的教学队伍集结了一群志于设计教育革新，来自国内外知名高等学府的教授和著名设计专家，且不断从国际业界中邀请和引入从事不同层面文化创意产业的专业人士、设计师、艺术家来校讲学、主持工作坊及教授各项专业艺术与设计课程。旨在利用多媒体技术进行跨文化教学，辅以崭新灵活的教学方式，通过"工作坊"个案教学（课题教学）实现课程整合，激发学生的创意思维及自主性，鼓励学生将学习融入生活中，发展学生艺术创作及设计实践能力。

学院着重提供各项优质、专业及多元化的艺术与设计课程，本着专业技艺与人文科学并重的宗旨，以融合中华文化与世界新观念为基础，发展以高素质启迪创意为本的艺术与设计专业教育，倡导学生发挥个人创意思维，扩展知识领域，提高文化素质。学院每年定期举办多个不同主题的国际研讨会、国际艺术与设计作品展览，培养学生的国际视野，使其了解国际艺术新思潮及当代科技的最新发展，从而培育一群立足中国，放眼世界，独当一面，推动创意经济拓展的艺术与设计专才。

学院 2011 年在校本科生 684 名，研究生 66 名。分别设有公共艺术、平面设计、环境艺术设计、多媒体设计、产品设计和文化创意产业策划与管理六个本科专业方向，按艺术大类模式招生和培养。设有美术学和设计艺术学专业硕士点。学院的艺术设计专业是教育部"第一类特色专业"建设点。

德中同行——走进广东"继承与创新"产品设计论坛组委会

德中同行——走进广东
Deutschland und China - Gemeinsam in Bewegung

"继承与创新"产品设计论坛
Konferenz: Erbe und Erneurung - Produktdesign

2008.11.24 - 2008.11.25
汕头大学学术交流中心